U0909399

典藏亚洲

COLLECTION ASIA

佛教圣地/石窟艺术/伊斯兰清真寺
考古遗址/动植物保护区/皇宫御园
历史中心/国家公园/古城堡

溥 奎 主编

團结出版社

图书在版编目(CIP)数据

典藏亚洲/溥奎主编 －北京：团结出版社，2007.4
ISBN 978－7－80214－275－6
Ⅰ.典… Ⅱ.溥… Ⅲ.建筑艺术－亚洲 Ⅳ.TU－863
中国版本图书馆CIP数据核字(2007)第024380号

出版策划：溥　奎　么志龙
责任编辑：赵晓丽

地图批准号：(2003)388号
地图绘制：中国测绘研究院

文字编写：北京圣世纪文化传播中心
设计制作：北京圣世纪文化传播中心

图片支持：1.北京圣世纪文化传播中心美术工作室手绘及电脑制作。
2.Photo disc公司中国总代理授权。
3.香港超影图片公司北京代理授权。
4.digitalvision公司中国总代理授权。

出　版　团结出版社
地　址　北京市东城区东皇城根南街84号
电　话　(010)65133603　65238766　85113874（发行部）
(010)65228880　65244790（总编室）
(010)65244792 65126372（编辑部）
邮　编　100006
网　址　http://www.tjpress.com
E-mail：123456@tjpress.com（出版社）
65228880@tjpress.com（投稿）
65133603@tjpress.com（购书）
65244790@tjpress.com（投诉）
经　销　全国各地新华书店
印　刷　山东人民印刷厂
开　本　185×250　1/16
印　张　16
字　数　300千字
版　次　2007年5月第一版第一次印刷
书　号　ISBN 978－7－80214－275－6
定　价　65.00元

前　言

人类历史有几百万年了，而有文字记载的历史却只有五千年。物品也好，典籍也罢，人类祖先的遗产留于今日的实在是冰山一角。然而，就是这冰山一角，在与时光的磨砺中又被蹭掉无数碎片而融化于流逝的长河中。每每提及，总是令人扼腕叹息！不过，弥足珍贵的是这些遗存在今天成为了人类亲历亲为所积累下来的仅有家底，静悟体味，能不让人产生无限的景仰之情吗？

遗失的东西成为今日追寻的踪迹。它不属于未知领域，也不是残缺的空白，而是丰富得令人难以想象的知识宝库。所以编辑这样一本反映世界文化与自然的书籍，不仅可以荟萃世界各地的文明菁华，促进多元文化的碰撞与交流，同时也便于将分散的、相互隔绝的地域连接，融合为一个整体，一个统一的光环带，来展示人类社会进步和发展的风貌。

因此，本书试图以遍及五大洲四大洋的古城堡、基督教堂、修道院、伊斯兰教清真寺、考古遗址、动植物保护区、宫殿御园、历史中心、国家公园等世界上最美丽、最具代表性的建筑为线索，通过对曾经发生于这些地方的重大事件，产生于这些地方的历史典故、奇闻轶事以及曾经活动于这些地方的著名人物的追述，使这些留存至今的静态建筑与流逝于历史长河中人类的动态活动相互印证，从静态的建筑中寻找人类活动的“蛛丝马迹”，从人类的活动中揭示静态建筑的人文内涵。在大量极具视觉冲击力的精美图片的映衬下，浓缩出五千年的人类文明史，从而激发读者对这些遗产地与人类社会生产生活关系的探索兴趣，并从中领悟到政治、宗教、民族文化、国际关系等因素的相互影响。

本套书籍共分四卷，分别以典藏亚洲、典藏欧洲、典藏非洲、典藏美洲及大洋洲为题逐次介绍，其中涉及到了120个国家的近800处遗产地。这些遗产地都是各地域的杰出代表，内涵丰富，有着极其珍贵的文化信息，对人类文明的发展起过无法替代的作用。诚然，能把人类的过去全景式地浓缩下来并加以展现，无疑是一件大有裨益的工作，人们可以凭此窗口扩大地理视野，拓展心理与活动空间。但这个窗口还是很小，不足以对人类历史的全貌有一个立体性的扫描。不过，我们的眼光会始终追随着探索的脚步，随着更多的世界遗产地的发现和确认，使这套丛书得到不断的丰富和完善。

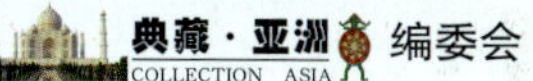

编委会

如何阅读本书

这本 **典藏亚洲**——是由2000多幅精美图片和编排成各种形式的文字内容组成。翻开目录，你就会发现本书是由亚洲各国最有代表性、最美丽的地方组成的亚洲文明画卷。主要内容及图片包括古城堡、基督教堂、修道院、伊斯兰清真寺、考古遗址、动植物保护区、宫殿御园、历史中心、国家公园等等。这些文字和图片将静态的建筑与流逝于历史长河中人类的动态活动相印证，展示了亚洲悠久的历史文化与人文地理。

图书正文分专题详细介绍该遗产地各部分及内部细节。

简要介绍该遗产地概貌及历史变迁。

图片用来展示该遗产地全景，让读者有身临其境之感。

地图上的红点标出了遗产所在国家的地理位置。

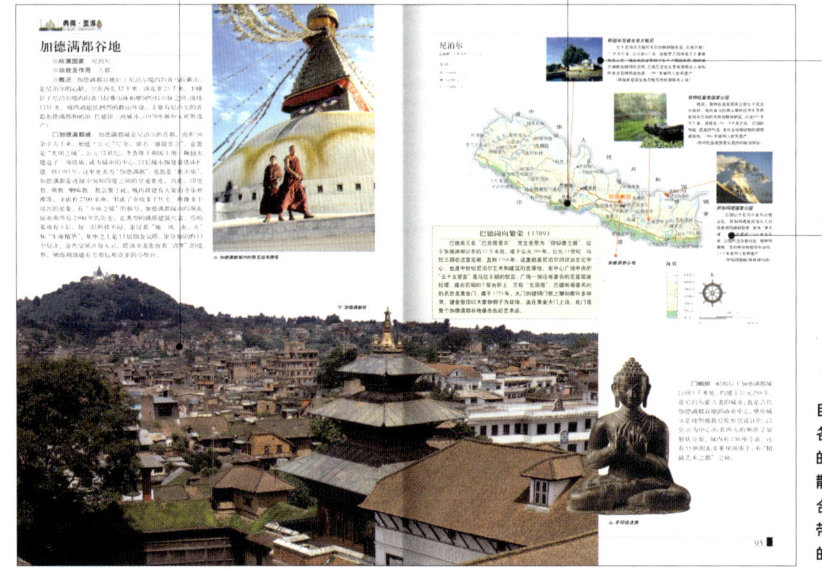

以缩略图的形式简要介绍各遗产地及其地理位置。

进一步说明画面的内容

作为一本反映世界文化与自然的书籍，不仅可以荟萃世界各地的文明菁华，促进多元文化的碰撞与交流，同时也便于将分散的、相互隔绝的地域连接，融合为一个整体，一个统一的光环带，来展示人类社会进步和发展的风貌。

目 录

□中国

□伊朗

□阿曼

□也门

□阿塞拜疆

□伊拉克

□叙利亚

□黎巴嫩

□约旦

□巴勒斯坦

□埃及

□沙特阿拉伯

□土耳其

□塞浦路斯

□土库曼斯坦

□格鲁吉亚

□亚美尼亚

□乌兹别克斯坦

□巴基斯坦

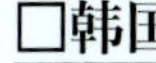

黎巴嫩／位于首都贝鲁特东部的安杰尔考古遗址的断墙，是古商贸中心

叙利亚／大马士革古城堡和奥马亚清真寺

阿塞拜疆／巴库墙城及城内的希尔梵王宫和少女塔

土耳其／最大城市伊斯坦布尔历史地区位于首都安卡拉西北约380千米处。

耶路撒冷归属未定／圣地耶路撒冷金顶

伊拉克／大清真寺，盘旋上升的宣礼塔是由阿拔斯王朝的哈里发阿穆塔瓦基于公元848年建造。

伊朗／伊斯法罕的国王清真寺

伊朗／古都波斯波利斯城国王宫殿浮雕

也门／萨那古城建筑风格独特，建筑材料一般采用青石、白石或红石。

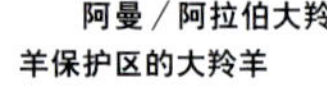

阿曼／阿拉伯大羚羊保护区的大羚羊

阿曼／拜赫莱要塞

沙特阿拉伯／麦加：伊斯兰第一圣城，位于沙特阿拉伯中西部汉志境内。穆罕默德诞生地和伊斯兰教发源地。

土库曼斯坦／桑加尔苏丹陵墓

巴基斯坦／摩亨朱达罗考古遗址

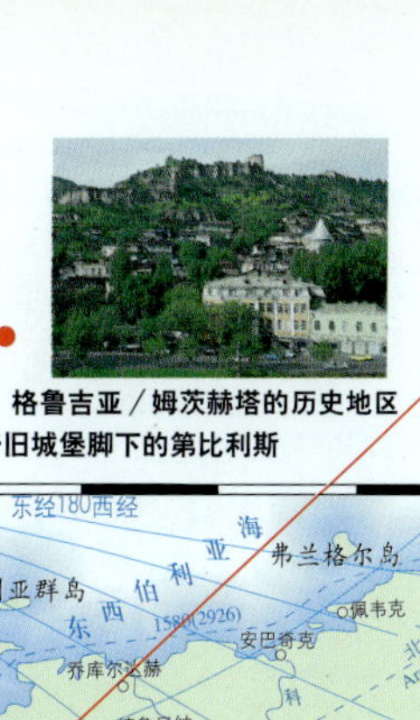

格鲁吉亚／姆茨赫塔的历史地区位于旧城堡脚下的第比利斯

乌兹别克斯坦／撒马尔罕的广场及清真高塔

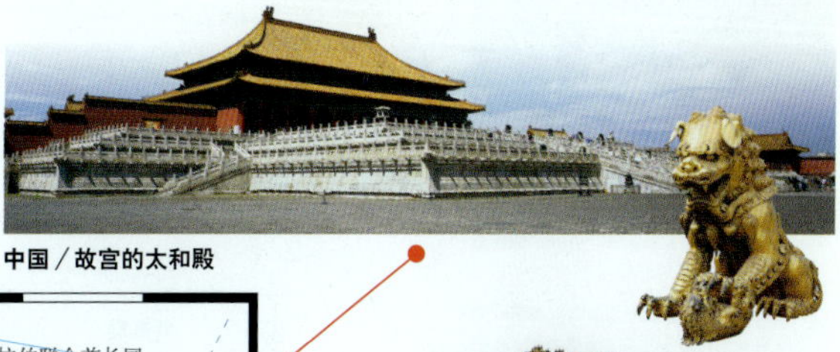

中国／故宫的太和殿

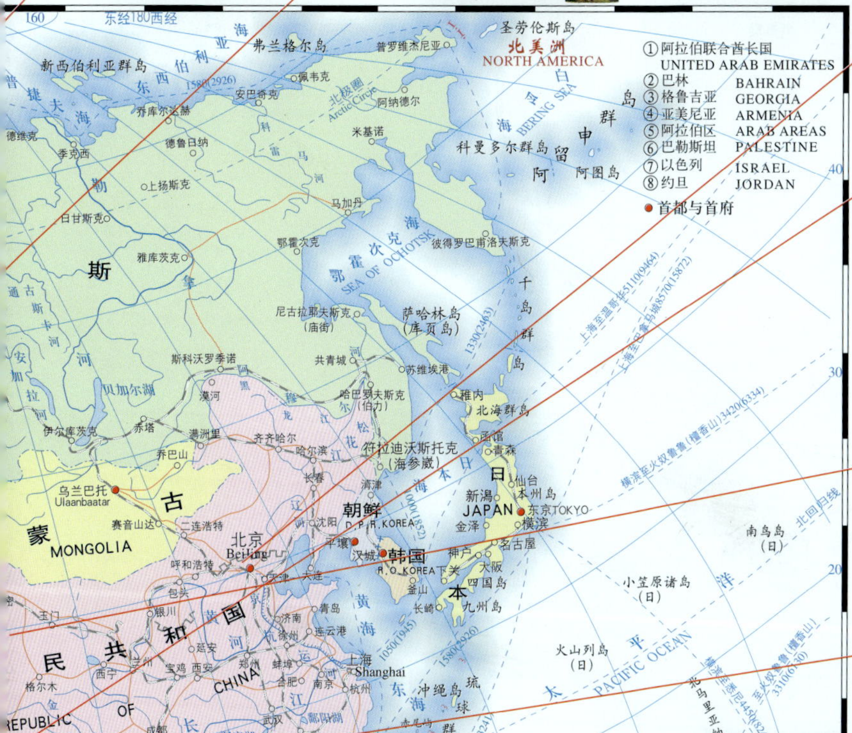

中国／布达拉宫，位于中国西藏自治区拉萨市中心的红山上

中国／秦始皇陵兵马俑位于陕西省西安市临潼以东5千米处的下河村

尼泊尔／加德满都城

孟加拉国／巴哈尔布尔佛教遗址

印度／马纳斯野生动植物保护区内的猴子

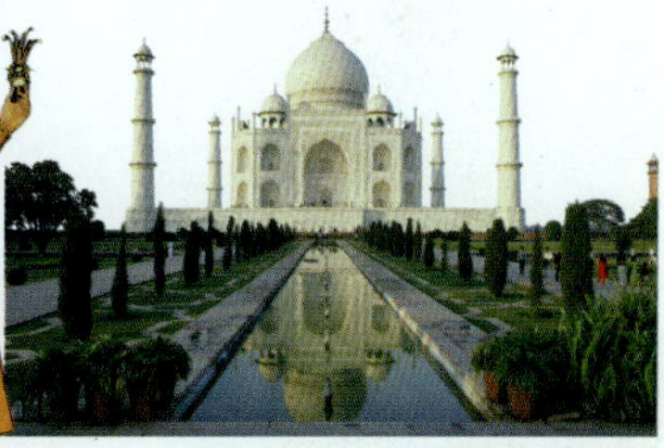

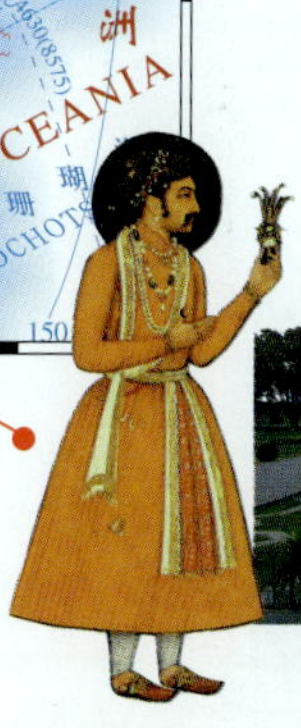

①阿拉伯联合酋长国 UNITED ARAB EMIRATES
②巴林 BAHRAIN
③格鲁吉亚 GEORGIA
④亚美尼亚 ARMENIA
⑤阿拉伯区 ARAB AREAS
⑥巴勒斯坦 PALESTINE
⑦以色列 ISRAEL
⑧约旦 JORDAN

首都与首府

北美洲 NORTH AMERICA

蒙古 MONGOLIA

中华人民共和国 REPUBLIC OF CHINA

朝鲜 D.P.R.KOREA

韩国 R.O.KOREA

日本 JAPAN

太平洋 PACIFIC OCEAN

大洋洲 OCEANIA

斯里兰卡／波隆纳鲁沃古城

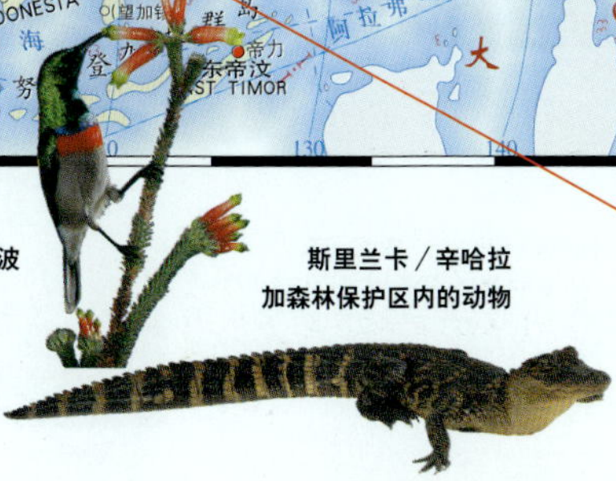

斯里兰卡／辛哈拉加森林保护区内的动物

印度／世界七大建筑奇观之一 泰姬陵

(1)**黄龙**

黄龙风景名胜区位于四川省北部阿坝藏族羌族自治州松潘县境内。占地面积700平方千米，由黄龙沟、雪山梁、涪江源三部分组成。高原风光和天然钙华地貌为其主要景观，生态系统完整，动植物种类丰富，植被类型复杂，森林覆盖率达65.8%。是大熊猫等野生动物生活、栖息的地方。保护区内高山峭立，其中雪宝鼎峰海拔5588米，为最高峰，并且终年积雪，是中国现代冰川的最东点。(图为黄龙沟彩池)

(4)**云冈石窟**

位于山西省大同市西16千米处的武周山南麓。因武周山顶叫云冈，故取名云冈石窟。始建于北魏建都平城(今大同)的时代。由当时的佛教高僧昙曜奉旨开凿。大多数石窟完成于北魏迁都洛阳之前。石窟里供奉着佛、菩萨等造像，是建筑、雕塑、绘画等艺术的综合体，以造型美丽雄伟著称。(图为云冈石窟释迦牟尼像)

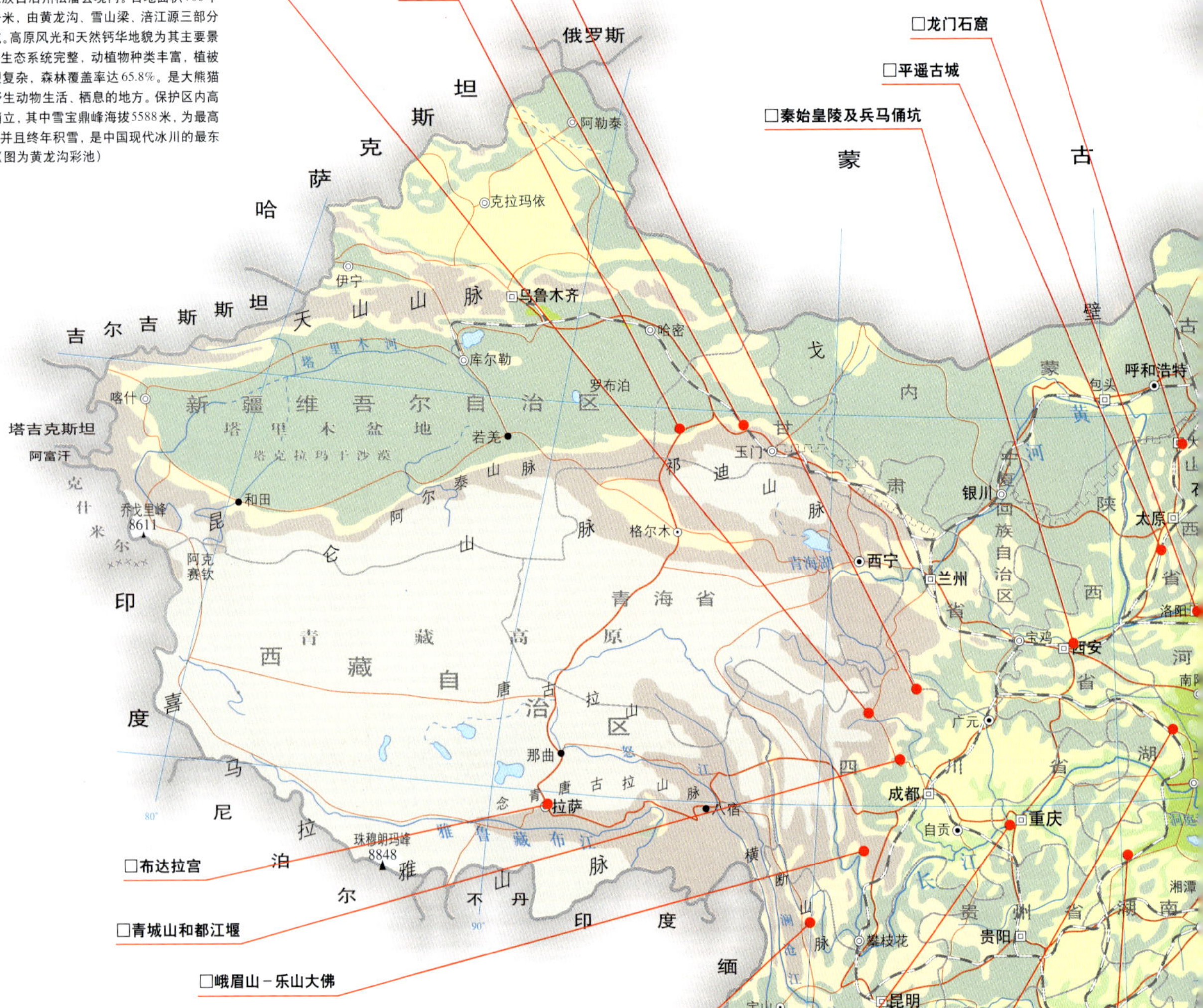

□九寨沟

□长城(嘉峪关)

□莫高窟

□龙门石窟

□平遥古城

□秦始皇陵及兵马俑坑

□布达拉宫

□青城山和都江堰

□峨眉山－乐山大佛

□大足石刻

□武陵源

(2)**丽江古城**

位于云南省西北部，丽江纳西族自治县境内，距省会昆明市约600千米。始建于宋末元初。又称“大研镇”。城区的中心叫做“四方街”。城内的大小路面，都是用丽江特有的彩花石板铺成的，雨天不留泥浆，晴天鲜有灰尘。(图为丽江古城民居建筑)

海拔

6000米
4000米
3000米
2000米
1000米
500米
200米
海平面

北

0　400千米
0　400英里

(3)**武当山古建筑群**

位于湖北省丹江市西南部。又名“太和山”。面积约400平方千米。风景区内有七十二峰、三十六岩、二十四涧、十一洞、三潭、九泉、十池等名胜，构成了武当山秀丽的自然风光。有八宫、二观、三十六庵堂、七十二岩庙、三十九桥、十二亭的庞大道教建筑群。(图为武当山岩庙)

中国

总面积： 9 600 000平方千米

人口

- 5 000 000 以上
- 1 000 000 以上
- 500 000 以上
- 100 000 以上
- 50 000 以上
- 10 000 以上
- 长城

(5)承德避暑山庄及周围寺庙

位于河北省东北部的承德市。始建于清康熙四十二年(1703)。承德避暑山庄又称热河行宫，或承德离宫，占地面积564万平方米。因山庄建在群山之中，夏天特别凉爽，所以康熙皇帝将它命名为“避暑山庄”，相当于清朝皇帝的夏宫。也是中国现存最大的皇家园林。(图为普宁寺内的菩萨雕塑)

(6)明清皇家陵寝

位于湖北省中部钟祥市东郊7.5千米处的松林山上。明孝陵 位于江苏南京东郊的钟山南麓，为明太祖朱元璋的陵墓。明十三陵 位于北京昌平，离北京市40千米。清东陵 位于河北省遵化市马兰峪西，距北京125千米，是一座规模宏大、体系完整的皇室陵墓群。清西陵 位于河北易县城西15千米处的永宁山下，距北京120千米，是清代帝王两大陵寝之一，也是中国现存规模宏大，体系完整的皇室陵墓群之一。(图为清西陵泰陵隆恩殿)

(7)周口店“北京人”遗址

位于北京西南周口店一个叫龙骨山的地方。1927年，周口店发掘工作正式开始。1929年12月2日，我国古生物学家裴文中率领考古工作者挖掘出了第一个完整的猿人头盖骨。经测定，头盖骨的绝对年代不少于69万年。(图为周口店“北京人”遗址)

(8)黄山

位于安徽省南部的黄山市。黄山气候温和，一年四季都有美丽的景色。精华风景区面积154平方千米，共有自然景点400处。区内群山耸立，峰峰相连，有三十六大峰，三十六小峰，号称“七十二峰”。莲花峰、天都峰、光明顶是黄山的三大主峰，海拔都在1800米以上，形态各不相同。(图为黄山迎客松)

(9)皖南古村落——黟县西递和宏村

位于安徽省南部，黄山西麓。属黄山市。这里山川秀美，峰峦叠嶂，自然景观、人文景观俱备。分布着上百个聚集而成的古村落，数量之多，保存之好，令世人瞩目。具有浓郁的中国传统文化氛围。在这些古村落中，尤以西递、宏村最具代表性。(图为黟县西递村民居)

(10)庐山国家公园

位于江西省九江市，紧傍鄱阳湖。又名匡庐或匡山。山体长29千米，宽16千米，呈椭圆形，面积约302平方千米。山峰重叠，瀑布飞挂，自然景观优美，地理环境优越。历代名家字迹、碑刻极具艺术价值。动植物资源丰富，生态系统完整，森林覆盖率达76.7%，植物品种多达3400种以上，有绿色宝库的美誉。(图为庐山含鄱口)

□长城

关隘、城墙、烽火台

□关隘　长城沿线的重要驻兵据点，往往建造在有利于防守的地方。

□城墙　长城的主体部分，联系雄关、隘口、敌台的纽带。平均高7米～8米。供瞭望敌情、射击和滚放礌石之用。

□烽火台　用来传递军情的设施。通常设在最易观察的山顶上。如果有敌军侵袭，白天燃烟，夜晚点火，一站一站传递。

□山海关　号称“天下第一关”。位于秦皇岛市东北15千米处。建于明朝初年，周长约4000米，城墙高达14米，四周还有宽15米、深7.5米的护城河。形势险要，自古为交通要道，兵家必争之地。现为中国重点文物保护单位。

□嘉峪关　长城的终点。位于甘肃省酒泉以西25千米处，河西走廊尽头。始建于明洪武五年(1372)，有“河西第一关隘”之称。周长733米，高11.7米，关城面积33,500平方米。关城主要有东西两道城门，城门上各有一座高达17米的城楼。形势险要，为古代军事要地，是整个长城防线上的重要据点之一。现为中国重点文物保护单位。

万里长城

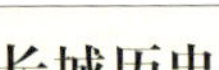

长城历史

长城东起鸭绿江，西达嘉峪关，横贯中国东西两端。从公元前7世纪起至清初，经两千多年不断修建，总长度达7300千米，为“世界七大奇迹”之一。最早的长城出现在楚国。其后，齐、燕、赵、秦、魏、韩各国也相继修筑了互防长城。秦始皇统一六国后，建立起第一个多民族统一的中央集权制封建国家。派将军蒙恬北伐匈奴，将秦、赵、燕等国的长城连接起来，并加以增修扩建，长度绵延万里。到汉代，修筑长城近1万千米，为修筑长城最长的一个朝代。明代的200多年里从未间断对长城的修建。今人看到的长城，绝大部分为明弘治时期所修。明长城著名关隘：山海关、居庸关、嘉峪关、平型关、雁门关。

“天下第一关”山海关

阳关附近用砂石夹红柳建筑的汉代烽燧

北京古八达岭长城

长城的嘉峪关

土长城

万里长城的一段

万里长城的嘉峪关

阳关的汉代烽燧

□故宫

故宫位于北京市中心。原名“紫禁城”。始建于1406年。当时明成祖朱棣下令调集全国著名工匠10多万人、民夫100多万人，以南京的宫殿为蓝本，在北京元朝宫殿的旧址上修建皇宫。明永乐十八年(1420)，宫殿基本建成。在此后的几百年里，历朝历代皇帝多次下令重修紫禁城，最终形成了现在的格局。紫禁城是明清两代的皇宫，从建城到封建帝制结束，近500年间共有24位皇帝在此执掌朝政。它是世界上规模最大的皇宫建筑群。清亡后，1914年创建古物陈列所，1925年10月10日辟为博物馆。1961年国务院审定为国家重点文物保护单位。

□皇城正门：天安门是明清两代皇城的正门，始建于明永乐十五年(1417)，原名“承天门”，后来经过多次重建，到清朝顺治八年(1651)改建成现在的规模，称“天安门”。

故宫御花园大门

故宫太和殿云龙陛石

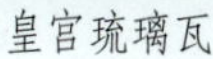

皇宫琉璃瓦

紫禁城内廷养心殿门前的铜狮

故宫全景：紫禁宫殿，紫禁城又称宫城，就是皇宫。紫禁城名称的由来是，按照中国古代对太空星球的认识和幻想，紫微星垣(即北极星)，高居中天，永恒不移，众星环绕，是天帝之所居，叫做紫宫。皇帝是天帝之子，便用紫宫来象征世上皇帝的居所；而皇帝所居的宫城属禁地，戒备森严，神圣壮丽，因此明清宫城就有紫禁城之名。这个名称，给皇宫抹上了浓重的神秘色彩。

中国历史上曾有很多著名的宫殿，秦代阿房宫、汉代未央宫、唐代大明宫等，今天已是唯见典籍载宫阙，更觅荆棘卧铜驼——只能从文献记载和遗址发掘中去领略它的梗概。然而，明清紫禁城宫殿却完整保存，巍峨屹立在北京城中。在紫禁城宫殿里，先后有明代14个皇帝和清代10个皇帝君临天下，发号施令，这不仅对中国历史进程，而且对世界历史发展，都发生过重大影响。

高7.9米，周长3428米的城垣。城垣内面积达723600余平方米。城垣的外围，有宽52米，深六米的护城河环绕，河岸全用条石垒砌。角楼的屋顶，有三层檐，七十二脊，上下重迭，纵横交错，设计巧妙，造型奇特，玲珑秀美，色彩艳丽，是中国古代建筑艺术的佳作。紫禁城的城门，东为东华门，西为西华门，北为玄武门(清改称神武门)，南为午门。实际上南面有三重门——第一重为承天门(清改称天安门)，第二重为端门，第三重为午门。

太和殿全景(康熙、乾隆年曾经修缮过，2006年故宫博物院重新修缮)。

上图为午门牌楼及匾额，下图为午门全景。

□午门 故宫的正门，门墙上有五座楼，形如凤展翅，又叫“五凤楼”。是皇帝举行重要活动的场所，明清两代，每逢将士出征或凯旋，皇帝都要亲自来午门举行仪式。

□**太和殿** 即“金銮宝殿”。富丽堂皇，居三大殿之首。是紫禁城里最重要的建筑，也是我国最大的木结构建筑物。在太和殿中举行的仪式都非常隆重，例如皇帝登基、皇帝大婚、策立皇后、宣布战争、节日庆典等。

太和殿匾额

皇极门的九龙壁其中的青龙

清世祖努尔哈赤像

故宫的太和殿：外朝的太和、中和、保和三大殿，占据了紫禁城最主要的空间，面积达85000平方米。三大殿在建筑设计和艺术构思上，以其气势威严，规模雄伟，装修华丽，色彩神秘，成为紫禁城中最辉煌的建筑群。三大殿依次布置在高达8米的台基上，台基分上中下三层，每层都为须弥座形式，四周围着汉白玉栏杆。每根望柱上部雕有精美纹饰，下部雕有华美螭首——口内凿孔以便排水。大雨滂沱时，千龙吐水，层层迭落，胜似泉涌，蔚为壮观；阳光普照时，千龙之影，排排迭退，黑白相间，宛如图案。

皇帝之宝——御印

努尔哈赤崛起

明万历十一年(1583)，年仅25岁的努尔哈赤凭其先祖所遗13副盔甲，起兵征讨尼堪外兰，开始了他统一女真各部的征程。努尔哈赤(1559～1626)，姓爱新觉罗，其先祖耄哥帖木耳自明永乐十年(1412)受明册封为建州左卫指挥，是世代受明封爵的地方官。原先女真各部一直不和，图伦部的尼堪外兰勾结明军谋害了努尔哈赤的祖父觉昌安和父亲塔克世，努尔哈赤集合残部数百人，征讨尼堪外兰，一举攻克图伦城。万历十六年(1588)，努尔哈赤灭完颜部，至此他正式统一了建州五部，是自成吉思汗以后难得一见的军事天才。由此开始，他率领铁骑奔驰于北陲大漠，南疆高原，扩土万里，为清代建立疆域广大的大帝国奠定了基础。

故宫的金銮殿顶部藻井

故宫的金銮殿

故宫内太和殿的宝座，在大殿中央，高2米，是皇帝的专座，象征皇权的威严。

□**乾清宫**　皇帝的寝宫，内廷第一大殿，宽9间，深5间。正中设有宝座，是明清两代皇帝的寝宫和日常活动的场所。

□**坤宁宫**　明清两代皇后居住的地方，建于明永乐年间。坤宁宫的东暖阁是皇帝、皇后结婚的新房，清代康熙、同治、光绪等皇帝的婚礼都在这里举行。

□**御花园**　坤宁宫后面是御花园，占地面积1.2万平方米。以钦安殿为中心，前后左右对称，坐落着10多座宫殿。花园里亭台楼阁林立，苍松翠柏环绕，极富园林意趣。通过御花园可到紫禁城的后门神武门。对面的景山是紫禁城的天然屏障。加上环绕四周的金水河，构成了中国古典建筑前面有水、后面有山的传统格局。

清圣祖康熙

清圣祖玄烨(1654～1722)在位61年，顺治帝福临第三子，年号康熙。二十年平定三藩叛乱。两年后又攻灭台湾郑氏政权，统一全国。二十四年，驱逐盘踞黑龙江流域雅克萨的沙俄侵略军，二十八年订立《中俄尼布楚条约》，确定中俄之间东段边界。进攻喀尔喀蒙古，晚年又派兵将准噶尔部的军队逐出西藏，加强多民族国家的统一。康熙帝十分注意恢复和发展生产，下令停止圈地弊政，招募农民垦荒，实行更名田。重视治理黄河，全国垦田面积大大增加，人口迅速增长，是“康乾盛世”的开始。

中和殿内景

紫禁城金水桥旁的建筑

中和殿后门的雕花和铜饰

上图为紫禁城角楼，下图为太和殿神路前的铜狮。

上图为紫禁城金水桥上的石雕，下图为太和殿宝座。

上图为故宫御花园，下图为御花园大门。

乾清宫门廊顶部造型和立粉壁画

交泰殿匾额

坤宁宫匾额

上图为乾清宫门前左右的隐壁墙上的荷花琉璃浮雕图案，下图为俯瞰乾清宫门前的博大景观，右图为乾隆皇帝像。

月令图十二月(清·乾隆·宫廷画)

唐代张萱绘《虢国夫人游春图》

明代仇英绘《汉宫春晓图》

中国清代郎世宁绘《慧贤皇妃像》(油画)

清代郎世宁绘《八骏图》

釉裹红龙涛文瓶(清雍正)

元世祖出猎图(元·刘贯道绘)

宋代徽宗绘《文会图》

珐琅采花卉文水注(清康熙)

龙凤纹玉璧(战国)

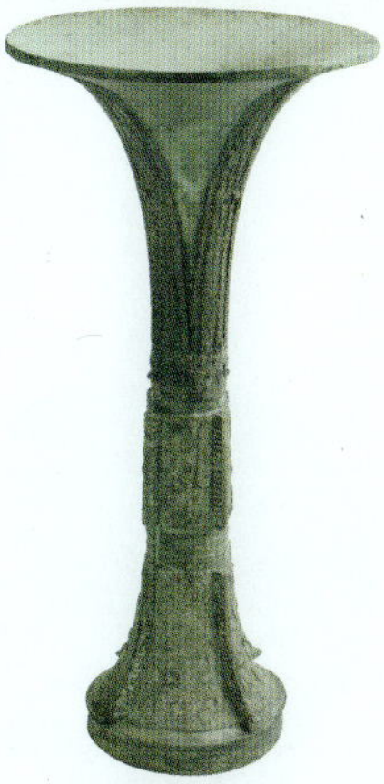

西周青铜

鹿角椅子(清代皇帝狩猎用品)

云形玉杯(唐朝)

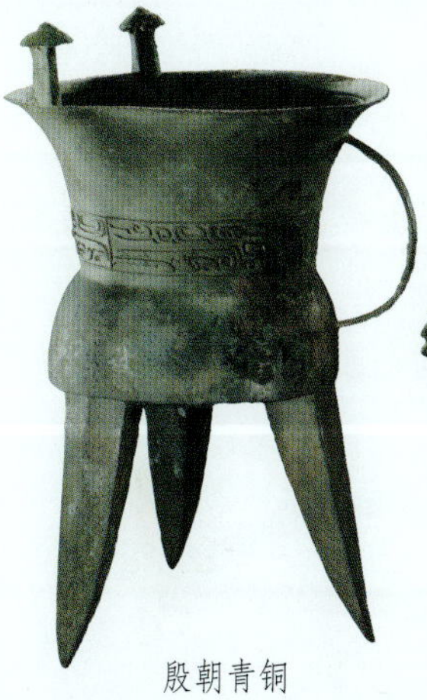

殷朝青铜

殷朝青铜

怀素自叙贴(唐朝)

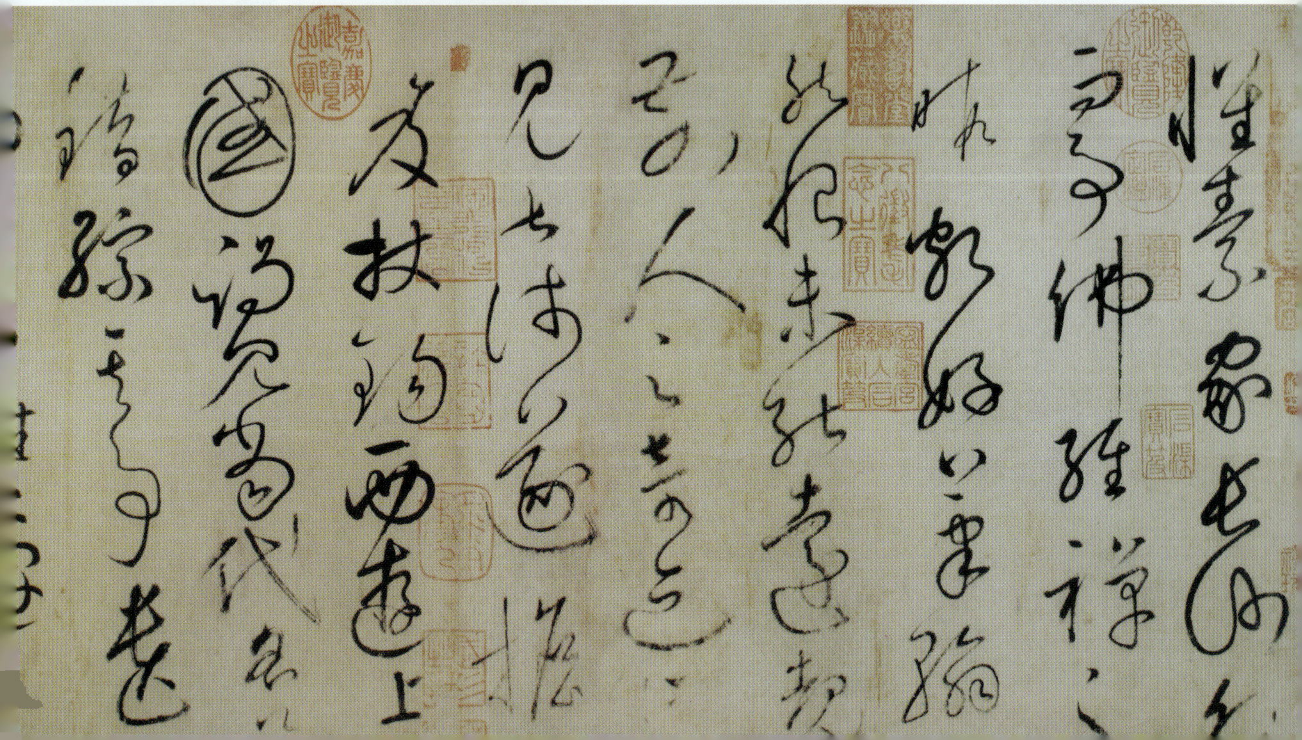

花卉文烛台(清·乾隆·珐琅)

桃花红瓶(清康熙)

宋瓷(越窑)

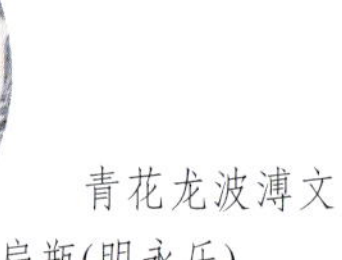

青花龙波溥文扁瓶(明永乐)

珍珠地划花瓶(宋·登封窑)

粉彩珊瑚红底牡丹文贯耳瓶(清雍正)

牡丹文宝座(明·漆器)

清明上河图(宋·张择端绘)

韩熙载夜宴图(五代·顾闳中绘)

清珐琅盘子

黄釉莲花盘(清雍正)

铜制镀金楼阁形饰时针钟表(清·乾隆·珐琅)

天球仪(清.金制真珠嵌)

青花云龙唐章文五孔扁瓶(清乾隆)

上图为故宫的角楼，下图为故宫城墙春色。

上图为故宫琉璃壁画，下图为故宫东华门。

上图为故宫的角楼，下图为故宫西华门的石狮子。

□天坛

天坛位于北京市崇文区的永定门内。始建于明永乐十八年(1420)，面积约272万平方米，是中国最大的坛庙。原名“天地坛”。因嘉靖九年(1530)立四郊分祀制度，于嘉靖十三年(1534)改称天坛。是明清两朝皇帝祭拜天地、祈求丰收的圣地。

□圜丘坛 皇帝祭天活动的场所。又叫“祭天坛"、“拜天坛”、“祭台”。为一座露天的三层圆形石坛。建于明代嘉靖年间，古时候的人认为天是圆形的，所以祭天的地方也是圆的。圜丘坛的设计思路多与“九”有关系，因为中国古人认为“九”这个数字有至高无上的含义。

□皇穹宇 天坛的附属建筑。位于圜丘坛的北面，是存放祭祀牌位的地方。始建于明嘉靖九年(1530)。初定名为泰神殿，殿成，改名为皇穹宇。门楼、墙顶、殿瓦、殿顶起初都是绿色琉璃瓦铺就，到清乾隆十七年(1752)重修时，又全部换成蓝色琉璃瓦。绕着皇穹宇的一道圆墙，表示天象。墙面又平又滑，人们无论在墙的哪个位置面对着墙说话，站在远处墙边的人都能清清楚楚地听到说话的内容。人称“回音壁“。

皇穹宇藻井

祈年殿内的藻井

皇穹宇内供奉的“皇天上帝”牌位

圜丘坛

祈年殿

祈年殿

位于天坛北部。始建于明永乐十八年(1420)。前身是大祀殿，为合祀天地神的地方。嘉靖二十四年改建，称大享殿。乾隆十六年大修后改为祈年殿，专祀“皇天大地”。殿为圆形，象征天圆。高耸于一个面积有5900多平方米的圆形汉白玉台基上。台基高6米，分为3层，每层都用雕花汉白玉栏杆和云龙望柱围住。整座祈年殿高38米，直径32.7米，外观上是逐层收拢的三层连体殿檐，是用28根巨大的楠木柱子和36块衔接在一起的枋、桷支撑起来的。位于中央的那4根柱子叫“通天柱”，也叫“龙井柱”，分别象征春、夏、秋、冬四个季节。中层的12根金色大柱，代表着一年的12个月份。外层的12根檐柱，用来表示一天的12个时辰。中层和外层的柱子合在一块共24根，代表着一年中的24个节气。三层柱子相加，总共是28根，这个数字代表天上的“二十八星宿”。这28根柱子再加上柱顶的8根，一共是36根，象征“三十六天罡”。殿顶是一个巨大的镏金宝顶，宝顶下的那根雷公柱，则象征着皇帝一统天下。

□颐和园

颐和园位于北京市海淀区。元朝时是一座水库。明朝时在当时的瓮山(即现在的万寿山)上建造了许多寺院和亭台，命名为好山园。清乾隆十五年(1750)建清漪园。次年改瓮山为万寿山，改瓮山泊为昆明湖。咸丰十年(1860)清漪园被英法联军烧毁。光绪十四年(1888)，慈禧太后挪用海军军费白银5万两，前后历时10年，不断修复始成规模，并将清漪园改名为“颐和园”。光绪二十六年(1900)，颐和园又遭到“八国联军”野蛮破坏。到1903年，慈禧再次动用巨款进行修复。园内既有山又有水，各式宫殿、楼阁、寺院以及小型园林共计3000多处。几乎囊括了我国古代建筑的各种形式，布局合理，气势宏伟，是中国园林艺术的典范，也是我国目前规模最大、保存最完整的皇家园林。

□万寿山　位于颐和园内，高58.59米。因传说曾有一位老人在山上凿得石瓮，又叫“瓮山”。乾隆十五年(1750)，乾隆为了庆贺自己生母的60大寿，把这座山命名为“万寿山”。

□佛香阁　位于颐和园万寿山前山。是全园的建筑中心，也是颐和园的标志。始建于乾隆十五年(1750)。后被烧毁。光绪十七年(1891)重建。八面三层，四重屋檐。高41米，下有20米高的石台基。阁顶是黄色的琉璃瓦，外加绿剪边。阁内有8根大铁梨木柱，好像擎天柱支撑着佛香阁。

颐和园中的十七孔桥

颐和园佛香阁

颐和园石舫

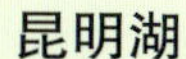

昆明湖

位于颐和园南部，面临万寿山前山。水面开阔。湖中有东、西两堤。东堤是昆明湖的东岸，堤上景物有铜牛、知春亭等。西堤横穿昆明湖西北部，长2.5千米。堤上有6座造型各异的桥，是仿造杭州西湖的苏堤六桥建造的。由空中俯视，昆明湖被长堤分为三部分，各有一座岛屿，其中南湖岛占地面积0.01平方千米，是湖中最大的一座岛。岛上建有龙王庙。南湖岛与东堤之间有一座桥，桥有17孔，长150米，宽8米。

颐和园内十七孔桥东侧的铜牛

□平遥古城

平遥古城位于山西省中部的平遥县。始建于公元前827～前782年的周宣王时期，相传由大将尹吉甫建造。至今已有2700多年的历史。秦始皇时期，平遥为郡、县治，名叫“平陶”。北魏初年改名为“平遥”，并一直沿用至今。明洪武三年(1370)，旧城扩建，并全面包砖。康熙四十三年(1703)，因康熙西巡经平遥，又修建了四面大城楼。总面积2.25平方千米。平遥古城是仿乌龟形式设计的。意在长寿不死，坚固如石。具体体现在以瓮城为结构的六道城门上。平遥是中国历史上“晋商”的重要发源地。至明清两代，发展成为一个资金雄厚的商业集团。当时金融、商业交往频繁，携带大宗银两既不方便，又不安全。清道光四年(1824)，在平遥西大街全国第一家票号“日升昌”应运而生。这在中国古代和近代金融史上具有划时代的意义，它标志着具有中国近代性质的新型金融业已经悄然形成。

□建筑特色 平遥古城现存古城建筑约3800处，其中400多处具有较高的文物保存价值。在建筑布局中，充分体现了中国汉民族传统民房建筑特色，以四合院为基本建筑格局。轴线明确，左右对称，主次有序，且多为三进院以上的深宅院。院落之间多用矮墙和垂花分开。主要有三种形式，一种是砖木结构的瓦房，另一种是砖券窑洞加木廊外檐房屋，还有一种是在砖券窑洞上搭建砖木结构的瓦房。整个民居建筑具有浓厚的乡土气息，充分体现了明清时期中国北方民居的风格和特点，对研究我国古代城市发展，了解明清时期的城市风貌和建筑艺术，具有重要价值。

平遥西大街全国第一家票号“日升昌”内院

平遥金井楼

平遥古城一寺内的千手观音像

□苏州园林

苏州园林位于江苏省东南部的苏州市。其历史可上溯到春秋战国时的吴王园囿。西汉、三国时的统治者也都曾在这里兴建园林。而最早见于记载的是东晋的辟疆园，当时号称“吴中第一”。南宋时期，江南的私家园林十分兴盛，集中出现在苏州、杭州、扬州、湖州一带，而以苏州的园林最多。现存的苏州园林大部分是明清时期的建筑，包括大大小小几百座古典园林，比较著名的有沧浪亭、狮子林、留园、拙政园、网师园、怡园、半园、畅园、耦园、环秀山庄等。

□沧浪亭 位于苏州市城南，是江南现存最古老的园林，占地面积10,800平方米。园内还有一泓清水贯穿，波光倒影，景象万千。著名的建筑有观鱼处、明道堂、五百名贤祠等。有石刻34处，计700多方。

□狮子林 位于苏州市区园林路。苏州四大古名园之一，具有鲜明的元代园林建筑风格。园内假山遍布，长廊环绕，楼台隐现，曲径通幽，有迷阵一般的感觉。长廊的墙壁中嵌有宋代四大名家苏轼、米芾、黄廷坚、蔡襄的书法碑及南宋文天祥《梅花诗》的碑刻作品。

□留园 位于苏州市区的留园路。苏州四大古名园之一。是清代园林建筑的代表作。分中、东、西三部分。中部景区以山水为胜，东部景区以建筑为主，西部以假山为奇，土石相间，堆砌自然。

□拙政园 位于苏州市娄门内东北街。苏州四大名园之一。是江南古典园林的代表作。园中山水并列，水面占总面积的3/5，总体布局以水为中心，亭台楼榭等临水而建，构成“小桥流水人家”的江南景色。

□环秀山庄 位于苏州市区的景德路。始建于唐代末年。宋代为景德寺。明时是宰相申时行的住宅。清代时在这里修建园林，堆砌假山，取名为“环秀山庄”。园内最突出的特色是以湖石堆叠的假山，构造奇特，被誉为“独步江南”。

(上、下图)拙政园

中国私家园林

明清两代是苏州园林发展的鼎盛时期，出现了许多风格独特的私家园林。据《苏州府志》统计，苏州在周代有园林6处，汉代4处，南北朝14处，唐代7处，宋代118处，元代48处，明代271处，清代130处。

武夷山玉女峰

□武夷山

武夷山位于福建与江西两省边境。呈东北－西南走势，平均海拔1000米，主峰黄岗山海拔2158米，为中国大陆东南部最高峰。奇峰林立，碧水潺潺，风光十分优美。据地质学家分析，这里原是一个低洼盆地，由于地壳运动，洪水冲刷，周围风化的泥沙堆积，使盆地中的碎石抬升，形成单斜断块山体，而山峦岩石中的江层节理经过亿万年的地貌发育，逐渐形成了武夷山风景名胜区典型的绚丽多姿的丹霞地貌。生态环境优越，物种丰富。是中国森林茂密区之一。“武夷岩茶”、方竹及灵芝是其著名特产。有“天然植物园”的美誉。同时动物种类丰富，有世界罕见的角怪、王孙、蜂鸟及四条腿的泥鳅。还有猪尾鼠、马鹿、白蝙蝠等。是著名的脊椎动物和昆虫新种的模式标本产地，被誉为研究爬行动物和两栖动物分布的钥匙。除独特的自然景观外，武夷山还是一座历史悠久的文化名山，为古越人生活地。至今完整地保存着2000多年前闽越族古城——村汉城遗址，以及紫阳书院、朱熹墓、刘公神道碑、历代摩崖石刻等文化遗产，为东南文化圣地。

武夷山生长的大桦斑蝶

武夷山自然保护区

位于福建省北部建阳市、武夷山市、光泽县交界地带，面积570平方千米。是北极植物区与古热带植物区的过渡地带。随着高度的不同，气候条件和生态条件呈多样性。有哺乳动物200多种，鸟类400余种，两栖、爬行类动物100余种，昆虫31目2万余种。有36峰、72洞、99岩，群峰俊秀，溪水澄碧，云雨、虹桥等景观奇秀壮丽。置身其中，宛入仙境一般。

武夷山隐屏峰

泰山十八盘石刻与瀑布

泰山的十八盘

□泰山

旅游风景名胜区

□地理环境　泰山位于山东省中部。东临黄海，西濒黄河，南起泰安，北到济南，总面积约462平方千米，成山于太古代，距今约25亿年。地势南高北低，以主峰天柱峰为中心向外延伸，有山峰150多座、崖岭130多处、溪谷120多条、潭瀑50多处、洞穴60多个……各处景色或雄、或奇、或秀、或险，和人文景观相互交融，成为一个和谐的整体。

□文化遗存　泰山是道、佛两教之圣地，庙宇观堂不胜枚举。早在战国时期，就有道教的方士隐居在这里。建于公元220年的王母池是泰山现存最早的道观建筑，以前其中影响最大的是碧霞祠。即神话传说中碧霞元君的庙宇，也是中国最大的妇神庙。公元4世纪中期，佛教传入泰山。普照寺创建于六朝，兴于唐，金大定年间重修，是泰山南麓最大、保存最完整的佛教寺院。泰山西北麓的灵岩寺创建于北魏，为中国古代著名寺院之一。著名的经石峪还有北齐人所刻的《金刚经》，字大篇宏，被尊为“大字

泰山皇帝封禅的名山

泰山古称岱山、岱宗，春秋时始称为泰山。雄踞中国东部。中国古代认为，东方是万物交替、初春发生的地方，因历代帝王对泰山十分重视，尊之为“五岳之首”。是中国历史上惟一受过皇帝封禅的名山。历代文人墨客也是仰慕备至，多来此探胜访古，这就使得泰山在人们心中占有极高的地位。

经石峪北齐《金刚经》摩崖刻石

鼻祖”。岱庙是历代帝王举行封禅大典祭祀山神的地方，其主殿天贶殿为中国三大古建筑之一，置于其内的有宋代壁画《泰山神启跸回銮图》等。秦朝丞相李斯的小篆刻石残块，是泰山最早的石刻。泰山留有历代文人雅士吟咏题刻和碑记无数削壁为碑，刻有唐玄宗御书的《纪泰山铭》。孔子的“登泰山而小天下”、杜甫的“会当凌绝顶，一览众山小”已成千古绝唱。

大观峰上唐玄宗《纪泰山铭》摩崖刻石

秦二世《泰山刻石》拓片

泰山雄姿

□孔庙、孔林、孔府

孔庙、孔林、孔府位于山东省曲阜市。孔庙在曲阜城南，孔林在城北，孔府在城中孔庙的东侧。是中国历代为纪念孔子、推崇儒家而建立起来的。孔子，中国古代伟大的思想家、哲学家、教育家，儒家学派的创始人。鲁襄公二十二年(前551)生于鲁国陬邑(今山东曲阜)。他首开私学，向平民传授文化知识，宣扬自己的思想主张，培养弟子3000，贤人72。在哲学、文学、艺术、教育、史学等领域做出了重要贡献，对后世造成极其深远的影响，其思想体系成为中国乃至整个东亚地区的正统思想，他被尊为圣人。孔庙是祭祀孔子的庙宇。孔子死后第二年(前478)鲁国国君鲁哀公下令将孔子故宅改建为庙，收藏孔子生前所用的衣、冠、琴、书、车等实物，以供奉祀。孔林是孔子及后代家族的墓地，孔子后裔以及家族人多葬于此。孔府是孔子嫡长孙的府第，因孔子四十六世孙封衍圣公，称衍圣公府。孔庙、孔林、孔府周边古树参天，苍松古柏，森然罗列，数量多达20,000多株，其中孔庙的“先师手植桧”树龄已有2000多年。而树种尤以孔庙的汉柏、孔林的鲁楷、孔府的五柏抱槐最为著名。

孔府碑刻

孔庙、孔林、孔府碑刻林立，是中国最早的大型碑林之一。孔庙内祭告、修庙、墓志、画赞、诗文、名家法帖、汉画像石等碑刻共2000余块。上自西汉，下迄民国，真草隶篆，各家书体俱备，贯穿了整个中国碑刻史，是全国保存汉碑最多的地方。大成门与奎文阁之间，还分布着著名的十三御碑亭，专门保存唐宋以来的御制石碑。孔林有碑刻4000多块，可谓碑碣林立，石仪成群。众多的帝王将相、文人学士都在这里留下了墨迹，以表达对这位千古圣人的景仰之情。

大成殿的“万世师表”匾

孔庙的主体建筑大成殿

孔林中的孔子后裔墓地

孔庙内的孔子像

孔庙的主体建筑大成殿

孔庙正门——棂星门

孔子墓

□龙门石窟

龙门石窟位于河南省洛阳市南13千米处的伊河两岸。是世界闻名的艺术宝库，与大同云冈石窟、敦煌莫高窟并称“中国三大石窟”。始凿于北魏孝文帝迁都洛阳前后，又历经东西魏、北齐、北周、隋唐、宋等朝代400余年的营造，始成今日之规模。全长1000多米，共存佛洞、佛龛2345个，佛塔40多座，佛像10万余尊。密布于伊水东西两山的峭壁上。其中大型洞窟29个。北魏时期具有代表性的有古阳洞、宾阳中洞、莲花洞、普泰洞、魏字洞和石窟寺等；东魏时期具有代表性的有路洞和一些小龛；北齐时期具有代表性的有药方洞和一些小龛造像；隋代具有代表性的有宾阳南洞北壁的梁佩仁造像龛等；唐代具有代表性的有潜溪寺、宾阳北洞、敬善寺、万佛洞、惠简洞、赵客师洞、奉先寺、龙华寺、极南洞以及东山的看经寺、擂鼓台诸洞。这些古代艺术大师创造的丰富多彩的艺术造像，为研究北魏到唐、宋这一时期的历史、文化、民俗及雕刻、绘画、建筑、服饰、乐舞、书法、医药，以及中外友好往来和文化交流，提供了极为珍贵的资料。

文殊师利菩萨像

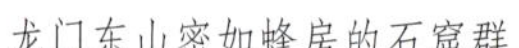
龙门东山密如蜂房的石窟群

奉先寺唐代卢舍那佛头像

龙门石窟奉先寺卢舍那佛龛造像组合

龙门石窟释迦牟尼像

龙门石窟释迦牟尼像

□武陵源

武陵源位于湖南省西北部张家界市，桑植县、慈利县交界处。由张家界国家森林公园和索溪峪、天子山三个自然风景区组成，面积390.8平方千米。远古时期，这里是一片汪洋大海，石英砂岩沉积于海岸地带，经过流水的长期侵蚀和复杂的地壳运动，形成了这一地区最奇特的砂岩峰林地貌景观。武陵源风景区有比较原始的生态系统，3000多座形状奇异的山峰，800多条沟谷，还有变幻的云海、神秘的溶洞、奔泻的瀑布，集中国名山的雄、奇、险、秀、幽、野于一身，有“天下奇峰归武陵”的美誉。

□张家界国家森林公园　中国第一个国家森林公园，地处武陵山中。地貌奇特，有石峰2000多座，形态各异，树木茂盛，森林覆盖率达88%，四周山地环抱，坡陡沟深，气候暖湿，生长有植物500多种，动物近70种。区内景点众多，尤以黄狮寨、砂刀沟、金鞭岩、金鞭溪等最为著名。

□索溪峪自然风景区　过了“水绕四门”，就是索溪自然风景区了。索溪峪有“峰两千，水八百”之称。区内有2000多座山峰，还有19道沟壑和6条溪流。这里山与水相互交映，描绘出一幅“山因水更奇，水因山更秀”的奇妙画卷。百瀑溪是索溪峪中最为壮观的景色。这里到处都是瀑布，水流纵横飞泻，汇集之处，自然就成了一条名副其实的“百瀑溪”了。索溪峪中还有大型石灰岩溶洞100多个，可供游览的有10多个，而最具特色的当属黄龙洞，号称“地下明珠”。洞中有宫，宫中有河，规模宏大，气象万千。

武陵源御笔山

天子山自然风景区

天子山自然风景区与索溪峪毗邻。南宋末年，农民起义领袖向大坤自称“向王天子”，在此率众起义，天子山由此得名。区内许多景点也都与此有关，如天子洲、宝剑峰、龙椅岩等。每年春末夏初时节，这里云雾积聚，构成壮观的云海、云涛、云彩、云瀑等奇特景象。最令人瞩目的是云瀑，由于风向、气压的变化，云雾突然从山顶斜向跌入谷底，如同瀑布飞泻，气象非凡。天子山上还有一神堂湾，为一个天然的半圆大坑，面积有10余平方米，三面悬崖峭壁，湾内深不见底。靠近湾边，耳边似有一片鸣锣击鼓、人喊马嘶之声，甚为奇特，至今无人能解。

武陵源天子山

□九寨沟

九寨沟位于四川省西北部阿坝藏族羌族自治州松潘县境内。原名“中羊涧”。因周围有9个藏族村寨，故称“九寨沟”。面积600平方千米。由树正沟、则查洼沟和日则沟组成，其中主沟为树正沟，呈南北延伸，南高北低，向北开口；日则沟和则查洼沟是东西两条支沟。三沟交叉呈“Y”形结构，总长约60千米。九寨沟现已开辟树正沟、日则沟、则查洼沟、扎如四条旅游风景线，含树正、诺日朗、长海、剑岩、扎如、天海等6大景区，50余个景点。以湖泊、瀑布、滩流、雪山、森林、藏族风情等为主要特点。

□“海子”世界 九寨沟四周群山耸峙，在纵深60余千米的山谷中分布着大小湖泊108个，被当地人称为“海子”。这些“海子”呈台阶状分布，湖水清澈透明，色彩斑斓，是九寨沟景观的主角。在这里，湖、瀑、滩、泉一应俱全，集水形、水色、水姿、水声于一体，形成了17个瀑布群、11段急流、5处滩流奇水荟萃的壮丽景观。

□诺日朗瀑布 位于日则沟与则查洼沟的分岔处，高24.5米，宽320米左右，是中国最宽的瀑布。发源于诺日朗群海，经过台阶状的坡地，层层下泻，形成梯状瀑布；于出海子区，顺着20多米高的悬崖跌落，雾气蒸腾，水花飞溅，景象十分壮观。是九寨沟的象征和标志。

上图为九寨沟诺日朗瀑布，下图为九寨沟五花海湖水。

九寨沟内的大熊猫

九寨沟自然生态

九寨沟是中国第一个以保护风景为主要目的自然保护区。地形高低相差悬殊，气候多样，生态系统完整，森林茂密，动植物种类繁多。现有森林面积近300平方千米，藻类植物就有40多种。海拔2000米～2400米，为针叶阔叶混交林带，栎、桦、杨、白腊树等阔叶树和油松、华山桦、黄果冷杉等针叶树混交生长；2400米～3200米为耐寒的方杉、冷杉组成的暗针叶林带，林下生长大片箭竹；3200米以上为高山灌丛草甸。九寨沟野生珍稀动物共有17种，其中国家一级保护动物有大熊猫、金丝猴、羚羊等，三级保护动物有白唇鹿、小熊猫、天鹅、蓝马鸡等。

□峨眉山－乐山大佛

峨眉山位于四川省峨眉山市。又叫“蒙山”。包括大峨山、二峨山、三峨山和四峨山。通常所说的峨眉山，就是指大峨山。远望大峨、二峨两山，并列而峙，细而长，如美女所描两条细长的眉毛，故名峨眉。占地面积约154平方千米。大峨山有三个高峰——千佛顶、金顶、万佛顶。主峰万佛顶，海拔3099米；次峰金顶，海拔3077米；三峰千佛顶，海拔3046米。山势高低不一，气候差别甚大。大体上低山区属亚热带，中山区属温带，高山区属亚寒带。山麓与峰顶温差约15℃，气温垂直变化显著。动植物资源丰富。森林覆盖率达87%。现有植物3200多种，占中国植物总数的1/10，其中仅生长于峨眉山和首次在峨眉山发现的植物就有100多种。动物种类也非常丰富，有2300多种。其中猴子是一大景观，既活泼可爱，又淘气捣蛋。它们会向游人索取食物，也会同游人一起嬉戏打闹。峨眉山是佛教胜地。1世纪佛教传入中国后，寺庙得以不断兴建。佛教最兴盛的时候，寺庙、庵堂达100多座，与山西五台山、浙江普陀山、安徽九华山并称“中国佛教四大名山”。现全山主要庙宇及风景区有报国寺、万年寺、伏虎寺、清音阁、洪椿坪、仙峰寺、洗象池、金顶等十余处。

乐山大佛景区

位于四川省乐山市西面的凌云山，故又称“凌云大佛”。背靠九顶山，面向三江，高70.7米，肩宽24米。耳朵有7米长，里面可以并排站两个人，大佛头部可置一圆桌，脚上可以坐100多人，是世界上最大的石刻弥勒佛像，号称“山是一尊佛，佛是一座山”。开凿于唐代开元元年(713)，至贞元十九年(803)完工，历时90年。大佛线条流畅，比例匀称，造型肃穆，具有很高的文物和艺术价值。大佛与其南北两面山壁的石刻造像，形成一个气势磅礴的佛国世界。

峨眉山金顶

乐山大佛

乐山大佛的脚上可以容纳100多人

□青城山和都江堰

旅游风景名胜区、古代水利工程

□青城山　位于四川省都江堰市城区西南约15千米处，属邛崃山脉南段的东支。因山岩呈现红色，山峰相连如城郭，又称赤城山和赤城阁。东汉末年，张陵上山布坛说道，运用黄帝、老子的学说，改造古代巴蜀的“五斗米巫”，创建天师道，标志着中国道教体系的正式建立。因此，青城山有道教“祖庭”、“祖山”之誉。至晋唐以后，山上宫观林立，极盛时有100余座之多。“广成先生”杜光庭曾在青城山修道30年，且著述甚丰，共30部250多卷，在中国道教典籍中占有重要地位。著名医学家、药王孙思邈也在青城山中完成了著名医学专集《千金方》。青城山分前山和后山。有三十六峰、八大洞、七十二小洞、一百零八景。前山是青城山风景名胜区的主体部分，面积约15平方千米，景色优美，文物古迹众多。主要景点有建福宫、天然图画、天师洞、朝阳洞、祖师殿、上清宫等。后山总面积为100平方千米，自然景物雄伟绮丽，原始质朴，如世外桃源。主要景点有金壁天仓、圣母洞、山泉雾潭、白云群洞、天桥奇景等。

青城山山门

都江堰水利工程

大足石刻的小佛湾

大足石刻的一处释迦牟尼卧姿石刻

□大足石刻

大足石刻位于四川省大足县西南、西北和东北的山区。开凿于唐永徽元年(650)，盛于宋代。现存摩崖石刻造像5万余尊，铭文10万余字，遍布大足县100多处。其中比较重要的有北山(包括北塔)、宝顶山、南山、石门、石篆山石刻，是大足石刻中规模最大艺术价值最高的石刻造像代表。

都江堰

位于四川省都江堰市城西的岷江上，距成都59千米。为中国古代大型水利工程。战国时秦国蜀郡太守李冰父子主持修建。古称都安大堰，唐时称键牛堰，宋改现名，已有2000多年的历史。今灌区内已建成干渠、分干渠38条，总长2163千米；支渠566条，总长5777千米；大型水库3座，中小水库347座。灌溉着600多万平方米的良田。由三大主体工程组成：鱼嘴是建于江心的分水堤，形若鱼嘴，堤将水流湍急的岷江分成内外二江；宝瓶口是人工凿开玉垒山，成离堆，控制进入成都平原的水量，因形似瓶颈，故名；飞沙堰在鱼嘴和宝瓶口间，用于泄洪，将洪水中夹带的泥沙通过飞沙堰排入河床宽阔的外江。

□北山石刻 位于大足县城北2千米的北山上。以大佛湾为中心，长达500多米。岩高约7米，沿崖造像。从南到北形状若新月，龛窟如蜂房。造像5000余尊，为唐、五代、宋所造，以宋代为多。造像细腻精美，技艺娴熟巧妙。除部分碑刻、塔幢和浅小龛窟残毁外，其余均保存完好。

□宝顶石刻 位于大足县城东北15千米的宝顶山上。始凿于南宋年间。四周2.5千米内山岩上遍刻佛像。以大足大佛湾为主体，小佛湾次之，分布在东、南、北三面。巨型雕刻360余幅，以六道轮回，广大宝楼阁、华严三圣像、千手观音像等最为著名。宝顶大佛湾处有川东古刹圣寿寺，创建于南宋。庙宇巍峨，雕梁满目，坐落于山势峻秀、环境幽雅的林木之中。寺侧南岩为万岁楼，这是一座造型别致的三层飞檐翘角楼阁。

□布达拉宫

布达拉宫位于西藏自治区拉萨市中心的红山上。是西藏地区现存最大、最完整的宫堡式建筑群。“布达拉”或译普陀，梵语意为佛教圣地。始建于7世纪，当时叫“红山宫”，是藏王松赞干布为迎接唐朝的文成公主而修建的。8世纪赤松德赞时期，布达拉宫遭雷击失火，后因藏王微松作乱而毁于兵燹。两度劫难使布达拉宫逐渐荒废。1645年，五世达赖喇嘛在红山重建布达拉宫，用3年的时间，建成了以白宫为主体的建筑群，成为达赖喇嘛进行政教活动的地方。1690年，为了安放五世达赖喇嘛的灵塔，由主管第巴·桑吉嘉措主持修建红宫。1693年4月，主体建筑竣工。以后又对布达拉宫不断进行增修和扩建，形成了今天的规模。总面积13万平方米。布达拉宫不仅是西藏历代达赖喇嘛的冬宫，也是西藏政教合一的统治中心。五世达赖到十四世达赖，都把布达拉宫作为行使权力的中心。7世纪以来，共有9位藏王和10位达赖喇嘛在这里居住过。

布达拉宫内描绘布达拉宫的壁画

布达拉宫内供奉的文成公主塑像

布达拉宫

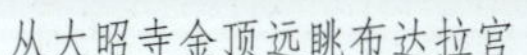
从大昭寺金顶远眺布达拉宫

布达拉宫金顶法钟

世界屋脊上的明珠

布达拉宫按照红山的自然地形由南麓梯次修到山顶，海拔3763.5米，是世界上海拔最高的古代宫殿，有“世界屋脊上的明珠”之称，被誉为世界十大杰出土木石建筑之一。主楼有13层，高度为117.19米，东西长420米，南北宽300米，宫墙厚3～5米。宫内有房屋近万间，有宫殿、佛堂、习经堂、寝宫、灵塔殿、庭院等。是一座集宫殿、佛堂和灵塔殿等为一体的多层建筑群。体现了藏式建筑的鲜明特色和汉藏文化融合的一些风格。各殿堂墙壁绘有题材丰富、绚丽多姿的壁画，宫内还有大量文物，如经文典籍、佛像、法器等。宫殿的外部呈白、黄、红三种颜色，分别象征恬静和平、圆满齐备及威严力量，体现了佛教的传统思想。

布达拉宫的阶道约有250级，呈“Z”字型曲折升高，直达宫门。

□秦始皇陵及兵马俑坑

据史书记载，公元前246年，秦始皇嬴政即位，次年即开始修陵园。到公元前208年完工，历时39年。其间动用民夫共72万人次。陵园按照秦始皇死后照样享受荣华富贵的原则，由丞相李斯设计，大将章邯监工建造。初高120米，“高大若山”，后经风化侵蚀及人为破坏，降低了40多米。建筑材料是从湖北、四川等地运来的。为了防止河流冲刷陵墓，秦始皇还下令将南北向的水流改成东西向。据《史记·秦始皇本纪》记载，陵墓一直挖到地下的泉水，用铜加固基座，上面放着棺材……墓室里面放满了奇珍异宝。墓室内的要道机关装着带有利箭的弓弩，盗墓的人一靠近就会被射死。墓室里还注满水银，象征江河湖海；墓顶镶着夜明珠，象征日月星辰；墓里用鱼油燃灯，以求长明不灭……

□兵马俑坑的规模及布局 兵马俑坑是秦始皇陵的陪葬坑，位于陵园东侧1500米处。1974年被打井农民发现。由此埋葬在地下两千多年的宝藏得以面世，被誉为“世界第八奇迹”。为研究秦朝时期的军事、政治、经济、文化、科学技术等，提供了十分珍贵的实物资料。兵马俑坑现已发掘3座，俑坑坐西向东，呈“品”字形排列，坑内有陶俑、陶马8000多件，还有4万多件青铜兵器。

秦始皇陵

秦始皇陵前的秦始皇雕像

气势庞大的兵马俑坑

兵马俑坑出土的铜车马

四匹陶马躺在秦始皇陵一号坑内

云纹瓦当

小篆体十二字砖

铜弩机(铜制件)

射手俑手握铜弩机状

秦半两钱及钱范

将俑

秦始皇

秦始皇(前259～前210)，秦王朝开国皇帝。名政，秦庄襄王之子，13岁即王位，39岁称帝，在位37年。至公元前221年，秦先后灭韩、魏、楚、燕、赵、齐六国，建立中国历史上第一个统一的、多民族的、专制主义的中央集权制国家。在政治上，废除分封制，代以郡县制，建立从中央直至郡县的一整套官僚机构，制定和颁行统一的法律。在经济上，统一度量衡，统一全国币制。在文化思想上，推行“书同文”，制定小篆，颁行全国；为钳制人们的思想，下令焚书坑儒。在军事上，为防御北方民族侵扰，修筑万里长城；为扩大帝国版图，肆意征服外族。秦始皇三十七年，他巡游返至平原津染病，死于途中。

□莫高窟

莫高窟位于中国甘肃省敦煌市东南25千米的鸣沙山东麓。开凿于前秦建元二年(366)。据唐代碑文记载，有个叫乐僔的僧人云游到敦煌的鸣沙山和三危山之间，忽然看到三危山上霞光万道，状若千万尊佛像在金光中闪耀，以为圣地，就募钱在鸣沙山上开凿了第一个石窟。继而又有法良禅师续建。北凉、北魏、两魏、北周、隋、唐、五代、宋、西夏、元诸朝代均有凿建。在唐代达到高峰，有洞窟1000余个。

□彩塑 莫高窟的彩塑艺术在敦煌艺术中成就最高，不同时期的塑像都各有特点。分圆雕、浮雕、彩塑等形式，约3000尊。从北魏到北周是彩塑艺术发展的第一个时期，以弥勒佛像、释迦多宝并坐像、说法像、禅定像、思维像及佛传故事中的苦修、降魔、成道、说法为主。佛像的形象受南朝人物形象的影响，塑像显得骨骼清秀。隋唐是莫高窟彩塑艺术发展的高峰时期，包括佛像、菩萨像、弟子、天王、力士、金刚等。最大的佛像是位于莫高窟中央的弥勒像，高33米，最小的佛像只有2厘米。唐代彩塑中数量最多的是观音像，造型以现实人物为蓝本，显得很有生活气息。观音的形象也由男性形象转为女性形象和世俗化形象，体态丰满，肌肤细腻。

□壁画 莫高窟的壁画是莫高窟艺术中的瑰宝，并与彩塑融为一体。壁画的题材主要包括佛像、佛经故事、传说神话题材、经变题材、佛教史迹、供养人、装饰图案等七大类。这些壁画历经千百年风沙的磨蚀，依然色彩鲜艳，金碧辉煌。尤其是飞天，造型生动，线条刻画细腻，衣带的纹路轻盈流畅，就像要飞起来一样，号称“天衣飞扬，满墙风动”。

莫高窟佛教寺院

“天衣飞扬，满墙风动”的莫高窟壁画《飞天》。

莫高窟彩塑第159窟的菩萨彩塑，有着极高的艺术价值。

莫高窟题为《九色鹿本生》的壁画局部

千佛洞

莫高窟俗称千佛洞，坐西向东，南北长约1610米。唐宋木构窟檐5座，保存着从北魏到元代的492个洞窟。2415尊彩塑，45,000多平方米壁画。是集建筑、雕塑、绘画于一体的中国石窟之规模最大者。石窟有大有小，最大的是16窟，面积有268平方米；最小的是37窟，刚好能把头伸进去；最高的是96窟，从山脚一直开到山顶，高约40米，有9层楼那么高。石窟的造型继承汉族和西域各民族的优良艺术传统，又吸收了外来的表现手法，形成了独特的建筑风格。

莫高窟外景

莫高窟藏经洞内的《金刚经》卷，最早的雕版印刷品。

乔加赞比尔

位于伊朗西南部重镇阿瓦士以北。曾是伊拉姆古国首都。伊拉姆古国人公元前16～前11世纪建造乔加赞比尔。乔加赞比尔有3道方形城墙环绕。城中面积约18万平方米。现存的主要建筑有古庙塔、运河等。(图为乔加赞比尔古庙塔)

伊朗

总面积：1 636 000 平方千米

人口

回 1000 000以上

● 500 000以上

◎ 100 000以上

⊙ 50 000以上

□伊斯法罕王侯广场

□波斯波利斯

海拔

3000米

2000米

1000米

500米

200米

海平面

北

0 200千米

0 200英里

国王宫殿石柱

□波斯波利斯

波斯波利斯位于伊朗南部的法尔斯省。伊朗古名“波斯”，曾经是一个十分强大的帝国，西起尼罗河，东至印度河，疆域广大。波斯波利斯作为波斯国的都城，历经三代才最终完成。建成后的波斯波利斯主要包括平台、门楼、觐见厅、议事厅、国王宫殿、后寝宫、珠宝库、储藏室等

□平台　平台长460米，宽275米，高15米，外边整齐地砌着巨大的石板。石板间用铁钩固定，紧密相连。整个建筑群建在这样高的平台上，显示出威严庄重的宏伟气势。

□门楼　门楼高达18米。门道的两壁有对称的人面牛身像，是保护神。

□觐见厅　觐见厅呈正方形，由36根21米高的石柱支撑厅顶。觐见厅的墙壁上还刻有浮雕，描绘外国使者向波斯国王进贡的场面。游人步入这样的大厅会被它磅礴的气势所慑服。

波斯波利斯觐见厅的墙壁上还刻有浮雕，描绘外国使者向波斯国王进贡的场面。

□议事厅　议事厅也叫“百柱大厅”。由100根高11.3米的石柱支撑着厅顶。石柱排列齐整，衬托出大厅的庄严肃穆。

□国王宫殿　国王宫殿面积不是很大，但是内部装饰非常精美华丽，墙壁上布满了彩砖与浮雕构成的图案和花纹饰带，显出奢侈富丽的皇家风范。

这座大理石的安息人——哈特拉城统治者

波斯波利斯古城苏萨的青铀饰金神像(公元前1800～前1700年)

波斯波利斯觐见厅墙上的狮子斗牛浮雕

伊朗波斯波利斯遗址石柱群

波斯波利斯国王宫殿浮雕

波斯波利斯觐见厅墙上的浮雕

阿契美尼德王朝——波斯波利斯

波斯波利斯 Persepolis 古波斯语拉丁字母转写作 Parsa。古代伊朗(波斯)阿契美尼德王朝的都城。位于伊朗西南部法尔斯省设拉子东北约51千米处。城市为大流士一世(公元前522～前486)所建。定为波斯国都，以取代旧京帕萨尔加德(居鲁士大帝的葬地)。公元前330年遭亚历山大大帝的劫掠，薛西斯宫被焚。公元前316年该城仍为波斯都城，此时波斯为马其顿帝国的一个省。从塞琉西王朝起，该城逐渐衰落。现仅存一片废墟，但仍可依稀想见当时壮丽王宫的雄伟气势。遗址中的石柱特别令人惊叹，其中13根石柱仍矗立在大流士大帝的接见大厅，此处有“百柱大厅”之称。遗址中发现巴比伦的3种楔形文字，记载波斯帝国的疆界。沿山麓挖掘出3个墓，有萨珊王朝时代的雕刻，据说是表现神话中的英雄罗斯坦姆。这7个墓都是阿契美尼德王朝的王墓。

居鲁士的崛起

公元前559年居鲁士成为波斯南部一个部落的首领。不久，他统一各部落，成为所有波斯人的统治者，并于公元前549年左右推翻了米底人的统治，取而代之，把原属米底人的自波斯湾到小亚细亚的哈利斯河流域的大片地区据为己有。公元前539年，居鲁士以神奇般的速度向美索不达米亚发起进攻，兵不血刃即占领了巴比伦。居鲁士让被囚禁在巴比伦的犹太人返回巴勒斯坦，建立了半独立的附庸国，同时又给予其他被征服民族一定程度的自决权。公元前529年，居鲁士在与波斯王国北部生活在咸海附近的野蛮部落发生小规模冲突时受伤身亡，留给后人一个空前庞大的帝国。不久之后，公元前525年，居鲁士之子冈比西斯征服了整个埃及，因此波斯帝国的版图更为庞大。

波斯波利斯国王宫殿浮雕图案

英姿焕发的弓箭手。这些波斯弓箭手，是大流士的苏萨王宫中彩釉砖墙饰的一部分。弓箭手摆足架势，形态庄严，据说为不朽之身，也是国王贴身卫士。

金叶。这片金叶据说发现于日维耶，上头的浮雕图案类似西徐亚人的风格。这些花样是若干以环状相联系的狮子面具，卷须周围还有牡鹿和山羊，在日维耶发现的物品风格多样，但看不出有米提人的影响。

波斯古城

大流士新政

继承冈比西斯王位的是大流士，在位时间公元前522年～前485年。大流士加强其专制统治，从公元前518年起，实行了一系列改革。主要内容有：将全国划分为若干省，分别委派总督和军事长管理行政和军事。制定统一的贡赋制度，规定贡赋的数额。将全国划分为5个军区，统辖各省军事，组建由波斯人组成的近卫军。制定统一的货币制度。修筑驿道，通达帝国各地。为适应帝国统治需要，将琐罗亚斯德教(祆教或拜火教)奉为国教。大流士的改革，加强了帝国的政治、经济、军事等方面的统治基础，扩大了帝国境内的经济联系和贸易关系，促进了帝国境内各地区之间的文化交流。但对被征服的民众来说，它意味着残酷的统治。

帕提亚人银盘上的金饰。到公元140年，在波斯国，自亚历山大大帝起延续500年的希腊艺术对于波斯艺术的影响逐渐减弱，帕提亚人带来的一种东方色彩的艺术风格出现。

波斯波利斯国王宫殿浮雕图案

波斯古城

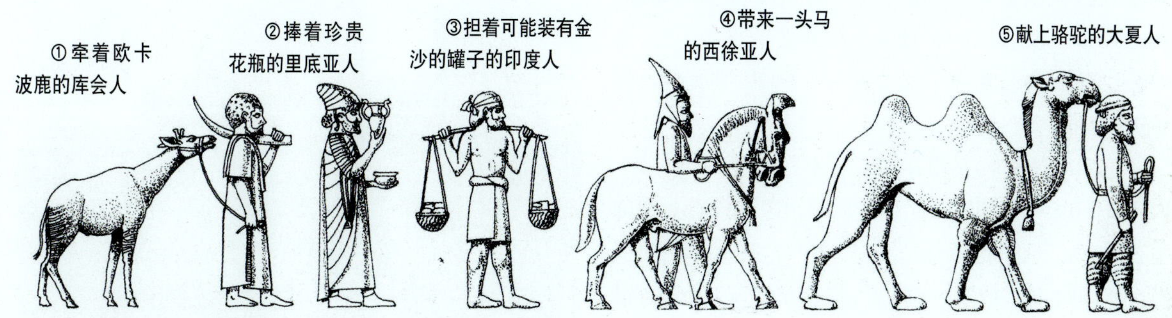

向波斯纳贡的人像，这是根据波斯城原有的浮雕画的。

伊斯法罕。位于德黑兰南部，是伊朗古代首都。人口98万。塞尔柱王国(9世纪～13世纪)和萨非王国(1598年～1722年)时期这里曾经是伊朗首都。古迹有礼拜五大清真寺，是伊朗建筑的杰作和代表作。几乎所有的其他大型建筑都建于阿拔斯一世和他的继位者当政时期，国王广场(现称伊玛目广场)、谢赫清真寺和阿里卡普宫都建于17世纪。

□伊斯法罕王侯广场

伊斯法罕王侯广场位于伊朗中部的伊斯法罕省省会伊斯法罕市中心。伊斯法罕是一座古城，它的历史可以追溯到公元前8～前6世纪。广场建于1616年，长500米，宽150米。用来进行阅兵大典、马球比赛其他重要活动。广场上保存伊斯兰风格的建筑，并留有古代皇家集市的部分店铺。四周有拱廊环绕，拱廊外是一条深深的护城河。有皇家清真寺、圣·洛特夫拉清真寺、阿里·加普宫等。1979年被列入世界遗产。

(上、下图)伊斯法罕的清真寺与现代伊朗的建筑融为一体。

□伊斯法罕　又拼Isfahan。塞尔柱土耳其(11～12世纪)和伊朗萨非王朝主要城市。现为伊朗中西部主要城市。位于德黑兰以南约340千米，临扎因代河。萨珊时期(约224～651)以前该城情况不详，4世纪曾在耶胡迪耶近郊建立犹太殖民地。642年伊斯法罕被阿拉伯人占据，成为吉巴勒省首府。11世纪中叶土耳其征服者(塞尔柱王朝建立者)在此建都。

1598年阿拔斯一世(大帝)迁都于此，将其重建为17世纪最大、最美城市之一。在城市中心建立巨大的皇家广场和著名的沙阿清真寺、洛特夫拉清真寺。1722年阿富汗人攻陷该城。1925～1941年开始恢复。1936年建为有伊斯法罕大学。

□卓章口　卓章口是通往清真寺的入口建筑，也是伊斯法罕王侯广场上最古老的建筑。它的建筑风格原为朴素的突角拱，后被较为复杂的尖斗拱所代替。半圆形的屋顶造型极为优雅美观。

□阿里·加普宫　阿里·加普宫在广场西侧。建于公元16世纪。是阿拔斯大帝和后妃们的居住地。外部建筑精致高雅，内部装饰富丽堂皇。站在六楼可以俯瞰全城风光。

华鹿的饮器／公元7世纪伊斯兰教的阿拉伯军队到以前，波斯最后的王朝：萨珊时期。

伊斯法罕的国王清真寺

伊斯法罕的国王清真寺正门及顶部装饰，是精美的艺术杰作。

皇家清真寺

皇家清真寺也称“伊马姆霍梅尼清真寺”。坐落在伊斯法罕广场的南侧，是一座雄伟壮观的穹隆形波斯风格建筑。外表用土耳其蓝瓷砖镶嵌出精美的阿拉伯图案和各种几何图形。清新的蓝色在以黄色为基调的城市中格外醒目。清真寺最妙的地方是在正殿中心的一块方砖上对准穹顶拍手或讲话，会听到7声回音。

伊斯法罕的阿里·卡普宫音乐大厅内部(17世纪)

伊斯法罕的礼拜五大清真寺

萨非王朝第五代国王阿拔斯一世征战的场面

伊斯法罕的国王清真寺

萨非王朝是波斯在公元3世纪至7世纪的统治王朝，也是波斯自阿契美尼德帝国之后的第一次统一，被后世称为第二个波斯帝国。当时萨珊王朝与中亚的贵霜王朝、东亚的东汉及欧洲的罗马帝国并称。后来由于王朝连续两位国王被刺杀，帝国崩溃。图为萨珊王朝的君主沙普。

圣·洛特夫拉清真寺位于广场东侧，表面用天蓝色、深红色和浅柠檬黄色的瓷瓦装饰，十分精美华丽。清真寺的圆顶，用彩釉砖砌成，其颜色在一天不同的时间内有不同的变化。

伊斯法罕的礼拜五大清真寺的内部穹顶，饰有暗色的几何图案。

猎捕狮子等野兽的萨珊朝国王

萨非王朝时期的绘画，表现青年男女在花园草地上或树阴下的场景。

1979年2月伊朗伊斯兰领袖霍梅尼抵达德黑兰时受到民众欢迎。

伊斯法罕的卡珠大桥，建于1642～1667年。河面上建有一座双层拦河坝。

阿里·加普宫

伊斯法罕的洛特夫拉清真寺的精美装饰，内外墙均用彩釉砖砌成。

伊斯兰《古兰经》是世界上读者最多的书籍之一

“一对在花园中小憩的夫妇”，一幅彩片镶嵌而成的墙壁装饰品，位于伊斯法罕王宫的花园，这座新兴城市成了艺术家们创造发挥特有的精巧风格的装饰品的最好场所。

波斯风格陶瓷艺术

波斯镶嵌壁画

波斯·阿拔斯一世

阿拔斯一世(1571～1629)别名阿拔斯大帝。波斯的沙赫(国王)。苏丹穆罕默德·沙赫的第3子，1588年10月即位。他把奥斯曼、乌兹别克军队逐出波斯领土，并建立常备军队从而加强了萨非王朝；他定伊斯法罕为都，促进商业和艺术，在他统治期间，波斯的艺术成就极高。他建立了主要由格鲁吉亚人、亚美尼亚人、切尔克斯人组成的新常备军。

1602年起他连连战败奥斯曼帝国的军队，收复被奥斯曼帝国侵占的土地。他将首都由加兹温迁至伊斯法罕，伊斯法罕很快成为世界上最美的城市之一。他修建许多寺院、旅店、公共浴场、林荫大道和大广场。在里海沿岸还修筑了著名的石路。欧洲各国的使节、商人、教士、冒险家等纷纷来到伊斯法罕。在阿拔斯一世时代，波斯的商业和外交活动十分活跃。葡萄牙人、荷兰人和英国人在波斯湾和印度洋争夺市场。

伊斯法罕古老的建筑，它的建筑风格原为朴素的突角拱，后被较为复杂的尖斗拱所代替。半圆形的屋顶造型极为优雅美观。

伊斯法罕画派

17世纪早期在萨非王朝者沙·阿拔斯一世(1629年卒)赞助下达到高峰的伟大的波斯细密画画派。伊斯法罕画派的主要画家是礼萨·阿巴西，他曾受加兹温肖像画派，特别是塞迪吉·贝克(活动于16世纪后期)作品的巨大影响。在波斯细密绘画中占主导地位达200年之久。他的绘画《两情人》(纽约市大都会博物馆藏)风格上手、脸和服装十分精美细致，使绘画主题明确，体态显得极为娇柔，这是萨非王朝晚期宫廷的传统作风。礼萨·阿巴西也是线条绘画大师，色彩均匀，线条飘逸。

伊斯法罕画派在萨非王朝时期的绘画，此图描绘的是阿拔斯时代的男女在花园草地上或树荫下的欢乐场景。

优雅美观的通天塔

《阿拔斯出征图》。17世纪波斯史诗《沙赫那玛》手稿彩画

阿曼

总面积：212 460 平方千米

人口
- ⊙ 50 000 以上
- ● 10 000 以上
- ○ 10 000 以下

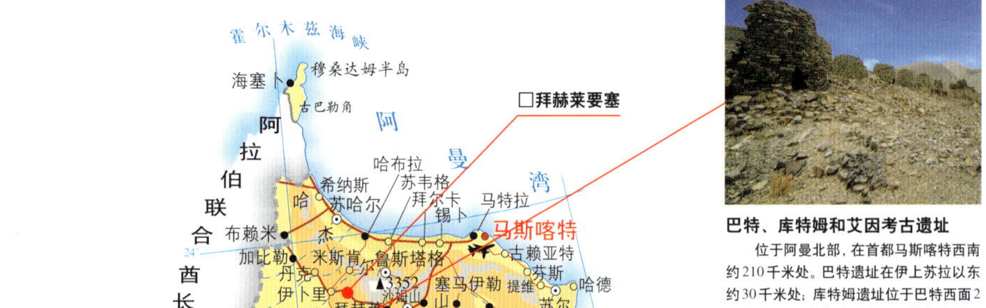

巴特、库特姆和艾因考古遗址

位于阿曼北部，在首都马斯喀特西南约210千米处。巴特遗址在伊上苏拉以东约30千米处；库特姆遗址位于巴特西面2千米处；艾因考古遗址位于巴特东南约22千米处。

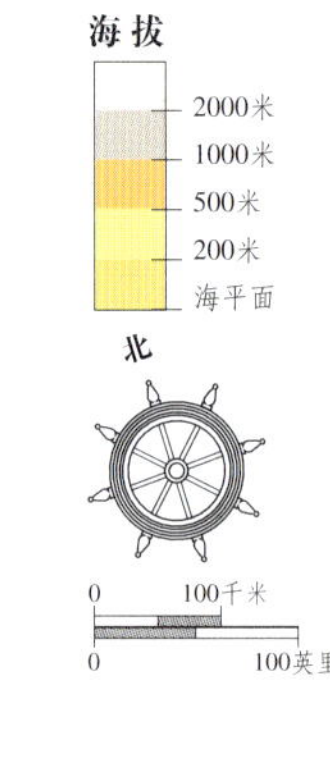

阿曼海岸

阿曼

公元前2000年阿曼已开始海上和陆路贸易，并成为阿拉伯半岛的造船中心。7世纪，成为阿拉伯帝国的一部分。1406年纳卜哈尼王朝统治。1507年葡萄牙人侵入。1649年当地人推翻葡萄牙统治。1624年，建立亚里巴王朝，其势力曾扩张到东非部分海岸和桑给巴尔岛。1742年，波斯人入侵；18世纪中叶，阿拉伯人赶走波斯人，建立赛义德王朝，定国名为“马斯喀特苏丹国”。1749年，建立阿尔布赛义德王朝，定国名为“马斯喀特苏丹国”。1920年，阿曼被分为“马斯喀特苏丹国”和“阿曼伊斯兰教长国”。

□拜赫莱要塞

拜赫莱要塞位于阿曼北部，在首都马斯喀特西南约200千米处。是阿拉伯人为了保卫自己的财产，防备来自海上的波斯人的攻击，抵御沙漠游牧民族贝都因人掠夺而建的。据说是在公元600年前，由一位名叫盖塔的女性号召而建，到16世纪才完成。

□建筑特色 拜赫莱要塞建在砂岩的山丘上，前面是宽阔的平地。要塞周围的城墙总长12千米，由晒干的砖修建而成。底层由数米高的大型石块作为基石，上层用砖垒砌而成。拜赫莱要塞的城墙直通巡逻小路，城墙上建有许多监视塔，至今还残留着几座方形或圆形的监视塔。

□拜赫莱要塞 要塞塔马哈堡的遗址阿拉伯半岛上一座出色的要塞，要塞塔马哈堡主要以粘土砖石结构建成。拜赫莱，位于阿尔－哈杰尔山脉的西部边缘，马斯卡特的西南部分。而且也是内卜哈尼权力的历史见证。1406年在伊玛目马赫楚姆·伊本·阿尔·法拉赫的统治下，拜赫莱成为阿曼的首都，而且也是纳卜哈尼王朝的首都。

伊斯兰陶艺

拜赫莱要塞遗迹

阿曼著名的杰布琳城堡

拜赫莱要塞的城墙好像中国的长城

□阿拉伯大羚羊保护区

阿拉伯大羚羊保护区位于阿曼中部的哈拉西斯平原。

海拔100～150米。地势起伏平缓，有300米高的山丘，是典型的阿拉伯半岛的内陆地形，昼夜温差较大。哈拉西斯平原的草、矮树和灌木丛中，生活着蜥蜴、蛇、壁虎等爬行动物。这里的鸟类多达168种，多半是候鸟。

□阿拉伯大羚羊 又称“阿拉伯直角大羚羊”。高80～100厘米，体重70千克左右。颈、头部和四肢为深赤褐色或黑色，身体的其他部分都是白色。不善于奔跑，但蹄子能充分伸展开来，连续行走几个小时，特别适应当地沙漠生存环境。阿拉伯大羚羊在保护区内可以自由走动，寻找食物。

哈拉西斯平原的草

阿曼草原上的沙漠

直角大羚羊

在极度干旱的天气里，直角大羚羊为了寻水解渴，往往要跋涉几十公里。饮水的时候，也体现了动物界生存竞争的法则。身强力壮的雄性总是优先饮水。越是缺水，这种竞争就越是激烈，雌性和其他病弱的羚羊往往要等到日上三竿，才能轮到。然而，这种法则也有被打破的时候，当雄性羚羊“热恋”着雌性羚羊时，它能暂时抑制对水的兴趣，会彬彬有礼地请自己的情人先饮。

直角大羚羊会彬彬有礼地请自己的情人先饮。

阿曼湾的鸟类

成年天鹅耐心地等待着它们的孩子慢慢长大，终于有一天迎风飞向天空。

天鹅

狞猫擅长爬树，有时也把捕到的猎物拖到树上，在一处不受干扰的树枝上进食。

蛇几乎总是瞪着眼睛，其实，这是因为它没有眼皮，过去曾传说蛇能够对捕捉自己的对象施展催眠术。

一只雄性狼蜘蛛扇动触须，像一个勇猛的拳击运动员。

翠鸟

世界性分布，但主要在热带。属翠鸟科。约有90多种，多以鱼为食。翠鸟体长在10～46厘米之间，头大身体小巧，喙长而宽大。雌、雄都有鲜丽的颜色，以蓝、绿、紫及红色为主。翠鸟虽然又名鱼狗，但会捕鱼的翠鸟不到半数。那些会一头俯冲进水中捉鱼的翠鸟则是非水栖种类。大多数的翠鸟捕食昆虫及其他无脊椎动物，但在新几内亚有一种会挖洞找蝗蚓吃。雌鸟多一条棕色纹带横过胸部下方及腋部。雌雄都有羽冠。沿着河流、湖泊及海岸居住。除了捕鱼之外，也吃贝壳、昆虫、老鼠甚至野果。

以植物为食的大蜥蜴，非常喜欢吃仙人掌类植物，这也是因为在这些岛屿上没有那么多植物种类可以选择。它吃的并不仅仅是梗茎也吃果实。果实很甜，汁涂饱满。鬣鳞蜥似乎知道究竟在什么时候一株植物就要成熟，果实就要落蒂。食物一点也不会浪费。

一种蜥蜴，有一个逐渐变细的长长的尾巴，它从缝隙中爬出来晒太阳。

阿拉伯直角大羚羊

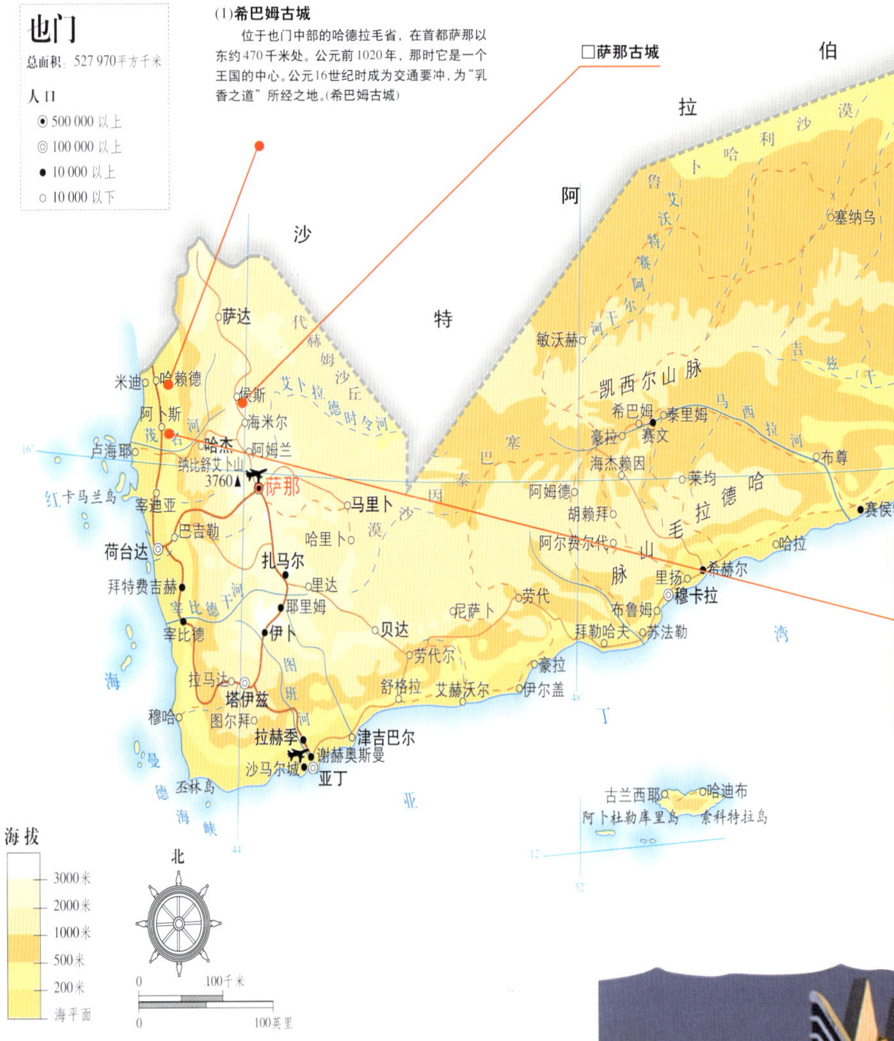

也门

总面积：527 970平方千米

人口

- ⊙ 500 000 以上
- ◎ 100 000 以上
- ● 10 000 以上
- ○ 10 000 以下

(1)**希巴姆古城**

位于也门中部的哈德拉毛省，在首都萨那以东约470千米处。公元前1020年，那时它是一个王国的中心。公元16世纪时成为交通要冲，为“乳香之道”所经之地。(希巴姆古城)

□**萨那古城**

(2)**宰比德历史名城**

位于也门西南部的荷台达省，在首都萨那西南约160千米处。始建于公元9世纪。这里有穆斯林学院、学校和清真寺等建筑200多处。(图为西南部的宰比德历史名城内的高塔)

海拔：3000米、2000米、1000米、500米、200米、海平面

北

0 100千米

0 100英里

萨那古城历史

历史上北也门或称也门(萨那)，占据着也门的西半部，西濒红海，首都萨那。南也门或称也门(亚丁)，沿着(作为阿拉伯海一部分的)亚丁湾展开，其位置正在也门(萨那)的东面，首都亚丁。在20世纪的大部分时间里，也门的这两部分在政治上一直分立，反映了它们此前的历史。也门(萨那)的迈因王国早在公元前4世纪便与埃及有贸易往来，依靠种植和出口乳香、各种香料和其他地中海东部一带需要的物品。该王国一度扩张到南阿拉伯半岛的大部，但到公元前1世纪后便衰落了。南阿拉伯半岛最后成了希木叶尔王国(约公元前100～公元525)的一部分。该王国曾暂时定都萨那。公元70年耶路撒冷陷落后，犹太人来此定居。基督教传教士在罗马皇帝君士坦丁(公元4世纪)后亦开始来到这里。公元575年，波斯萨珊王朝控制了这一地区。19世纪中期，奥斯曼人卷土重来，旨在从发动圣战的瓦哈比教派和埃及怀有帝国主义野心的穆罕默德·阿里手里夺取阿拉伯半岛，但直到1872年才得以占领萨那。

□萨那古城

萨那古城位于也门首都萨那的东部，地处阿拉伯半岛交通要道，已有2000多年的历史。早在公元前10世纪，萨那就是萨巴王国的一个要塞。公元1世纪曾建造当时的摩天楼——高达100米的霍姆丹宫。公元4世纪，这里已成为也门政治、经济和宗教中心。公元6世纪时为赫米叶尔王朝首府。公元7世纪初，城市规模迅速扩大。公元11世纪时城内已有106座清真寺、12个浴场和6500座民居。

□建筑特色 萨那古城建筑风格独特，城内的住宅一般都是传统塔楼式，建筑材料一般采用青石、白石或红石。石墙上雕刻着精美的图案和花纹。窗户的上半部为圆拱形，用窗棱装饰出多种图案，镶嵌着彩色玻璃窗。多层住宅一般是富裕人家，层数越多，表明主人的身份越高。最高的住宅有9层。萨那最醒目的建筑是大清真寺，建于公元7世纪，据说是用从霍姆丹宫拆下的材料建成。清真寺塔尖高耸入云，十分宏伟壮观。

希巴姆古城，公元16世纪时成为交通要冲，为“乳香之道”所经之地。

萨那古城内的建筑

□巴库墙城及城内的希尔梵王宫和少女塔

巴库墙城及城内的希尔梵王宫和少女塔位于阿塞拜疆首都巴库。巴库是一座有着悠久历史的古城，公元5世纪见于记载。曾为巴库汗国首都。9～10世纪开始开采石油，并运往东方国家。城内名胜古迹有11世纪建造的瑟纳克－卡尔清真寺塔，12世纪的克孜－卡拉瑟塔楼，13世纪的巴伊洛夫石堡，15世纪的希尔梵王宫及17世纪的汗王宫殿等。

□希尔梵王宫　希尔梵宫殿最古老的部分。始建于11世纪。

□巴库少女塔　位于巴库老城中心，毗邻里海海滨。始建于12世纪。为汗王宫殿建筑群的一部分。塔高27米，为8层圆柱状结构。塔上窗口设防御机关，可倾泻滚烫的熔铅，或投下燃烧的石油火把，以抵抗外敌的进攻。

巴库城内的少女塔

巴库城内的少女如今依旧美丽

波斯风格图案陶砖

阿塞拜疆

总面积：86 600平方千米

人口

回 1 000 000 以上
◎ 100 000 以上
⊙ 50 000 以上
● 10 000 以上
○ 10 000 以下

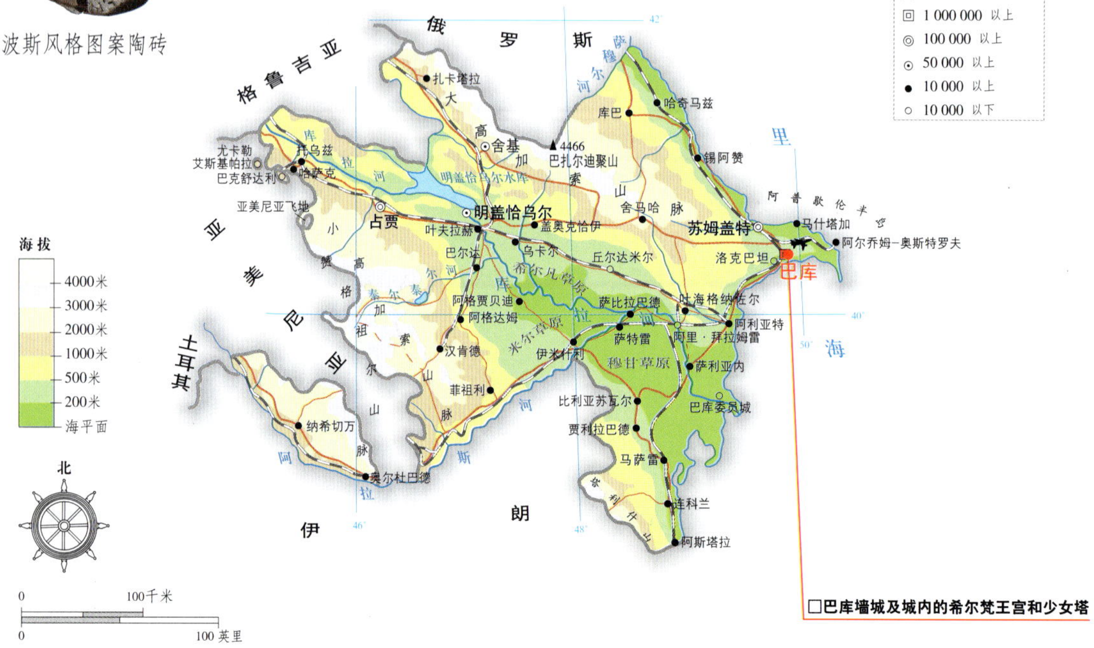

海拔：4000米、3000米、2000米、1000米、500米、200米、海平面

北

0　100千米
0　100英里

□巴库墙城及城内的希尔梵王宫和少女塔

著名的巴库地毯

著名的巴库地毯

阿塞拜疆首都巴库

在里海西海岸、阿普歇伦半岛南缘，环绕着巴库湾。巴库湾为巴群岛屏蔽，且有阿普歇伦半岛遮挡狂烈北风，是里海的最佳海口。今日巴库的核心为伊切里－谢赫尔城堡，狭巷蜿蜒，古代建筑亦错落其间。其中的锡尔万王宫，现改为博物馆，宫内最古老部分建于11世纪。清真寺和寺内辛尼克－卡拉尖塔亦为11世纪建筑。著名古迹有提万－汗宫、朱马－梅切特清真寺尖塔、天文学家塞达·巴库维墓。巴库地毯又称奇利亚地毯，东高加索靠近巴库的手织铺地用品是把波斯地毯图案略作修改的达吉斯坦地毯的一种，配色柔和。

巴库墙城

巴库墙城

巴库墙城景色

哈特拉古城

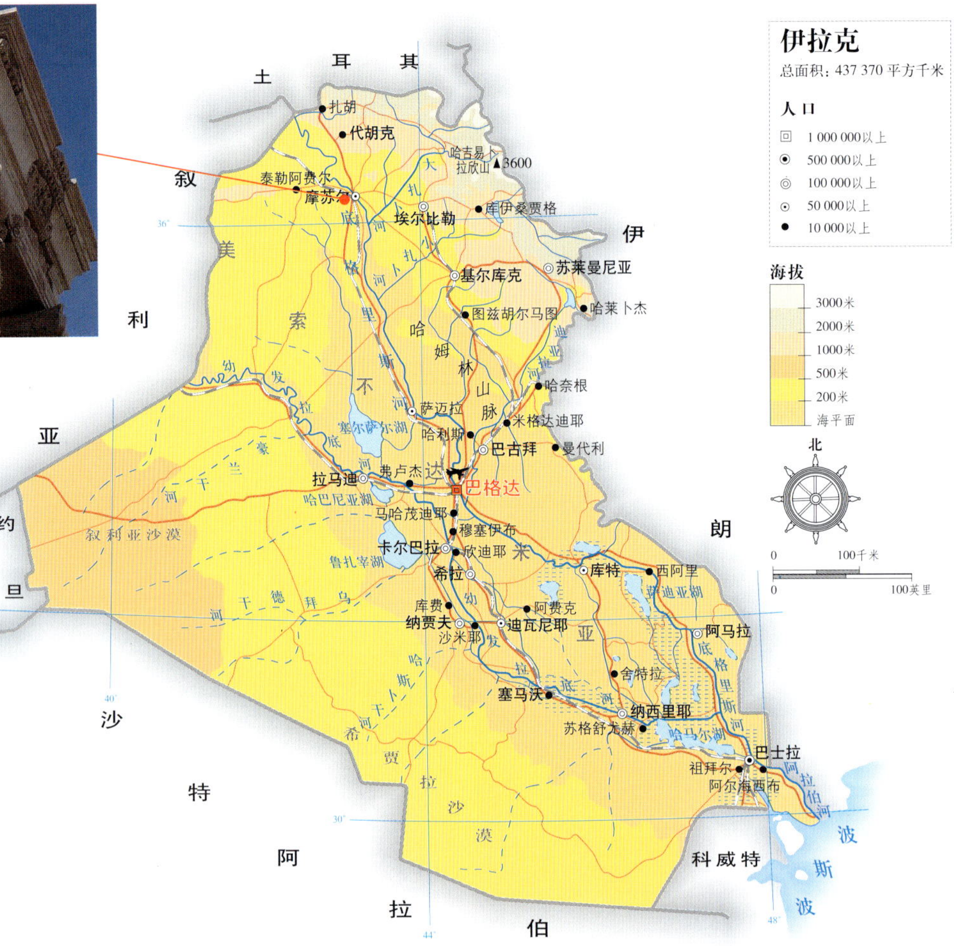

伊拉克

总面积：437 370 平方千米

人口

1 000 000以上

500 000以上

100 000以上

50 000以上

10 000以上

海拔

3000米

2000米

1000米

500米

200米

海平面

北

0 100千米

0 100英里

□萨迈拉古城

伊拉克中部城镇。濒临底格里斯河。3 世纪～7 世纪建城。836 年穆阿台绥绿哈里发撤离巴格达时，选萨迈拉为新都。建造宫殿和园林。使该城沿底格里斯河伸展 32 千米。892 年都城迁回巴格达后，逐渐衰落，至 1300 年大部变为废墟。现已重建复兴，为什叶派穆斯林朝觐中心，建于9世纪的大星期五清真寺和附近的阿布杜拉夫清真寺，寺院大宣礼塔仍然耸立。

(上、下图)哈特拉古城的希腊后期建筑风格与罗马建筑风格

□哈特拉古城

哈特拉古城位于伊拉克西北部的尼尼微省摩苏尔市。俗名“太阳城”，距今约有2300年的历史。古城内大部分建筑已经倾圮。古城呈圆形，环城建有双层城墙，城墙上还建有城堡和塔楼。圆形城墙的大部分至今保存完好，有4座城门。城内的建筑多采用石灰石为材料，精雕细刻，显得既雄伟又精美。曾是帕提亚帝国的要塞重镇。公元116年和公元198年罗马人两次进攻古城，均被击退。公元3世纪，波斯萨珊王朝的君主沙普尔一世攻克哈特拉城。哈特拉保存至今的主要有太阳庙、宫殿、城墙、城门等建筑。

□太阳庙 庙门正面饰有美杜莎的石雕头像。周围高墙环绕。庙中摆放着许多珍奇的供品。庙宇结合希腊后期建筑风格与罗马建筑风格，并有东方风格的色彩与装饰，是帕提亚建筑艺术的典型代表。太阳庙四周建有宫殿、庙宇、水井、街道等。

太阳庙。庙门正面饰有美杜莎的石雕头像。周围高墙环绕。

哈特拉古城位于伊拉克西北部的尼尼微省摩苏尔市。俗名“太阳城”，距今约有2300年的历史。

庙宇结合希腊后期建筑风格与罗马建筑风格，并有东方风格的色彩与装饰，是帕提亚建筑艺术的典型代表。

198年罗马金币

清真寺的宣礼塔由阿拔斯王朝的哈里发阿穆塔瓦基于公元848年建造这。其外部呈螺旋形倾斜，充分显示建造这座砖塔的伊斯兰教徒，是在模仿古代美索不达米亚的庙塔造型。

亚述古城——尼尼微

尼尼微是亚述帝国人口最多和最古老的城市。在底格里斯河东岸，与今伊拉克的摩苏尔隔河相望。当地最早居民点大致不晚于公元前7000年。公元前700年左右成为一个宏伟的城市，建起新街道，广场和号称“举世无双”的宫殿。当时尼尼微面积约700公顷，城墙开有15座巨大城门。前7世纪时，亚述王亚述巴尼拔建造了一座巨大的图书馆，馆内收藏有2万多块刻有楔形文字的泥版，内容涉及文学、宗教、政治以及数学、植物学、化学和词汇学。公元前612年，该城被巴比伦人、西徐亚人和米底人劫掠并焚毁。

□美索不达米亚与近东地区

约在公元前3500年古代的近东地区从地中海东岸延伸到伊朗高原，是若干灿烂文明的摇蓝。从苏美尔文化到新巴比伦文化，历时约3000年，直至公元前5600年。在19世纪中叶的考古发现及巴比伦文字得到破译，精确叙述使人们得以了解这个地区及其历史。

在位于底格里斯河和幼发拉底河之间的美索不达米亚南部，发展出最早带有文明社会标志的城市和国家，这些标志是：读写能力、有组织的宗教、以金字塔般的巨大庙塔为代表的纪念性建筑物等。在美索不达米亚，人们还创造了最早的文字：这是一种象形文字，后来发展为楔形文字，它是历史记录的发端。苏美尔人最早在美索不达米亚建立城市，之后是阿卡务人、亚摩利人、胡里人和其他民族。对于在此地区存续3000多年的文化，这些民族不但都能适应，而且还予以发扬光大。

在美索不达米亚西面，巴勒斯坦和黎凡特的迦南人与埃及文化有所接触，黎凡特的艺术就反映了这一点。迦南人保留了自己的独特文化，直到公元前10世纪，他们才为《圣经》上所述的非利士人、以色列人和阿拉米人所取代。

在巴勒斯坦北部，它纳托利亚的西台人强大的统治势力远达叙利亚，他们统治的地方有时称为帝国，但第一个真正的帝国是好战的亚述人创建的，在公元前6世纪初以前，这个民族统治近东大部分地区达200多年之久。亚述人为巴比伦人所取代，巴比伦人则于公元前539年在波斯人手里覆灭。其后希腊人和罗马人出征，使美索不达米亚最后几个帝国消失了。

新巴比伦王国

新巴比伦王国又称迦勒底王国(公元前626～前538)。亚述帝国灭亡后，新巴比伦王国和米底王国成为西亚两大强国。米底占领了亚述的北部和东北部，新巴比伦王国则占领了两河流域南部、叙利亚、以色列以及腓尼基的大部分。在摧毁亚述帝国后不久，新巴比伦王国的创立者那波帕拉萨逝世。他的儿子尼布甲尼撒二世(公元前605～前562)继位。

人类最早出现文字是楔形文字，产生在伊拉克。公元前3200年左右，苏美尔人发明了最早的文字。他们把代表词汇和音乐的绘画文字用芦苇笔刻在粘土板上。这种文字主要用来做商业贸易往来的记录。到了公元前3100年左右，人们用一种形状更简单的文字取代了绘画文字。这种文字被称作“楔形文字”，因为它是由用芦苇做成的带有三角形笔尖的笔在湿泥板上刻画而成的楔形符号组成的，由于一笔一画形状像楔子一样，所以被称为楔形文字。

公元前3200年左右，伊拉克的苏美尔人发明了最早的文字。他们把代表词汇和音乐的绘画文字用芦苇笔刻在粘土板上。

乌尔的庙塔：伟大的苏美王乌尔拿姆在乌尔建造的庙塔，是美索不达米亚保存最好的一座，表面有一层烧制的砖。这座庙塔象徵月神南纳圣山。从此驿域的高台上可以俯瞰乌尔全城。最上层设有神殿。

巴比伦城伊斯塔门的重建，图为进入此城的八座大门之一。

这幅尼尼微石雕表现的是国王亚述巴尼拔与王后一同用膳(公元前640，亚述尼尼微)。

亚述

美索不达米亚北部的王国，古代中东的一个伟大帝国的核心。在今伊拉克北部和土耳其东南部。在公元前第2千纪的大部分时间里，先后为巴比伦和米坦尼的属国；公元前14世纪成为独立国家，此后一段时间(旧亚述帝国时期)成为美索不达米亚、亚美尼亚，一度包括北叙利亚的主要强国。在约公元前1208年后力量衰落。公元前9世纪，亚述诸王开始了新的扩张时期，历代强有力的亚述国王把从埃及到波斯湾的大部分近东地区统一起来。公元前612～前609年终为迦勒底－米底联军摧毁。

伊拉克南部城市巴士拉的果园

布斯拉古城

位于叙利亚的德拉省。地处勒哈河南岸的肥沃的努克鲁平原上。是通往大马士革、地中海、红海、波斯湾的交通要道。其中最主要的建筑是古罗马剧场，建于公元2世纪。(图为布斯拉古城内的古罗马剧场)

叙利亚古城

□巴尔米拉考古遗址

巴尔米拉考古遗址位于叙利亚中部霍姆斯省境内。坐落在地中海东岸和幼发拉底河之间沙漠边缘的绿洲上。巴尔米的历史可以追溯到史前时期，那时巴尔米拉就有人类穴居，至今仍留有遗址。公元前1世纪，巴尔米拉城成为联系东西方贸易的中心，繁盛期长达300年。在这期间建造了一系列重要的建筑，这些建筑至今亦留有遗迹，从中可以看出当年巴尔米拉城的宏伟气势。

□柱廊　柱廊建在古城主要街道两侧，全长1600米，石柱上雕有装饰图案，精美异常。

□贝勒神庙　贝勒神庙是公元32年芝诺比阿女王统治鼎盛时期建造的。三座神殿呈“U”字形排列，中心围成一个广场。神庙的四周被15米高的圆柱环绕，甚为壮观。

□地下墓穴　巴尔米拉的地下墓穴甚为巨大，可以容纳200多人。墓室墙上有壁龛，用来摆放墓主的塑像。墓室中央是巨大的石棺，石棺上有死者的雕像，石棺的四周有死者家人的雕像。

巴尔米拉考古遗址广场上的石柱

埃及金币

耶路撒冷撒拉逊金币

叙利亚银币

巴尔米拉考古遗址柱廊

奥马亚清真寺

□大马士革古城

大马士革古城位于叙利亚西南部巴拉达河右岸。面积约100平方千米。始建于公元前2000年前，至今已有4000年以上的历史。公元前15世纪，居于古代阿拉伯半岛北方的闪族阿拉米人在此建立王国。公元前333年，马其顿王国的亚历山大大帝从波斯帝国手中夺取了这座城市，西方文化传入，史称希腊化时期。公元前64年，罗马军事统帅庞培率军入侵大马士革，统治了近4个世纪。公元661年，阿拉伯倭马亚朝在大马士革定都，作为帝国的政治中心。

11世纪末欧洲十字军入侵叙利亚，阿拉伯的民族英雄萨拉丁于此集结队伍，与之抗争，将十字军打败。从公元16世纪开始，大马士革被奥斯曼土耳其帝国统治达4个世纪之久。历经沧桑，几度兴衰，历朝统治者都在这里留下了各具风格的建筑。著名的有恺撒门、奥马亚清真寺和城堡。

□大马士革城堡 大马士革城堡有2000多年的历史，占地3.3万平方米，用巨石垒成，四周有护城河，河上架有吊桥。城堡的城墙上有300多个射孔，并建有瞭望和防守的高塔。这座城堡曾多次为大马士革抵御外敌入侵立下汗马功劳。

□恺撒门 恺撒门是大马士革古城旁的一座石门。这是一座富有传奇色彩的门。传说当年耶稣基督的十二门徒之一圣保罗从恺撒门进入大马士革传教，遭到异教徒的追杀。教友们让他坐在篮子里转移到恺撒门，而追捕他的人却跌倒在这城门里爬不起来。他便从这座石门逃出大马士革。恺撒门因此而著名。

奥马亚清真寺

奥马亚清真寺建于公元705年，坐落在旧城中央，是世界第四大清真寺。建筑风格富丽堂皇。清真寺的大门高10多米，礼拜大厅长136米，宽37米，全部用巨大的石块建成，由大理石柱支撑，威严而豪华。大厅四壁和圆柱上雕刻着精致的花纹，厅顶垂挂着巨大的水晶吊灯。大厅外有宽阔的广场，广场四周建有走廊。走廊的墙壁上镶嵌着巨幅装饰画，内容是描绘奥马亚时代大马士革的繁荣景象。

奥马亚清真寺院内一喷水池

奥马亚清真寺建于公元705年，坐落在旧城中央，是世界第四大清真寺。

11世纪末欧洲十字军入侵叙利亚，阿拉伯的民族英雄萨拉丁于此集结队伍，与之抗争，将十字军打败。哈廷战役后，撒拉丁与狮心王理查谈判和平协定。图为《法兰克士兵放下武器》。

撒拉丁在使用武力的同时，也允许敌人在有利的条件下投降。所以他占领了所有法兰克人的城市和要塞——除了的黎波里、安提阿和蒂尔。1187年10月2日，撒拉丁进入耶路撒冷。

奥马亚清真寺院内

上图为阿勒颇古城景色，下图为阿勒颇古城清真寺

阿勒颇古城景色

阿勒颇古城1230年，在城堡丘陵上建造阿尤比登·阿拉西斯宫殿。

□阿勒颇古城

阿勒颇古城位于叙利亚西北部的阿勒颇省。在首都大马士革以北约300千米处。至今已有4000年的历史。因坐落在商贸通道上，是商业中心。悠久的历史给阿勒颇留下了丰厚的遗产，古城内有许多古迹，体现了不同时代、不同民族文化的不同风格。这些建筑中，保存最完好，最富有特色的一座建筑是石堡。

□宗教建筑 阿勒颇古城中还保存着许多宗教建筑，如大清真寺、麦达尼清真寺、莫卡达米耶伊斯兰学院、苏尔达尼亚伊斯兰学院、哈拉维耶伊斯兰学院、埃尔佛多斯伊斯兰学院等。这些宗教建筑建于不同时代，因而具有不同时代的特征。

博杜安三世、路易七世和康拉德三世的军队包围大马士革。细密画，载《法国人渡海攻打土耳其人、撒拉逊人和摩尔人》，1490年，巴黎国立图书馆。

历史名城阿勒颇

古城阿勒颇其意义为位于传统的商贸之路交汇点，是海地特人、蒙古人、阿拉伯人、麦默洛克人和奥斯曼人明代的惟一的城市化的融合。公元前3世纪，塞苏伊库斯·尼卡托尔建造古希腊城市，有着相互垂直的道路网。636年阿拉伯的征服者经过安提奥西亚大门进入。1167年，建造阿伯拉哈姆清真寺。1213年建造大清真寺。1230年，在城堡丘陵上建造阿尤比登·阿拉西斯宫殿。1354年，比马里斯坦·阿拉尔古尼老医院。1516年在苏丹塞利姆一世统治时期，奥斯曼人占领叙利亚，阿革颇成为一个“近东的香港”。1537年，建造阿尔科斯罗威亚清真寺。1682年，荒漠商旅旅店坎·阿尔瓦西尔。1882年，严重的地震使城市的大部分受损。

阿勒颇古城的遗迹

迪尔哈姆银币，在伊斯兰世界中广泛使用，这一枚是由中亚的布哈拉铸造的。

古城阿勒颇其意义为位于传统的商贸之路交汇点，是海地特人、蒙古人、阿拉伯人、麦默洛克人和奥斯曼人明代的惟一的城市化的融合

阿勒颇古城位于叙利亚西北部的阿勒颇省，距首都大马士革以北约300千米。整座城堡易守难攻，历史上只帖木儿汗率领的蒙古军队在1401年攻克过这个城堡。城堡内建有皇宫，还有大蓄水池、火药库、粮仓、兵营和大地牢等。

石堡

石堡始建于公元前2000年。公元11世纪到13世纪又经过几次重修和扩建，规模和防御性能不断增强。墙体用巨石砌成，四周环绕着又宽又深的护城河。石堡入口处有三道大铁门，第一道是蛇门，因门上雕有两条互相盘绕的巨蛇而得名；另两道门上都雕有狮子，表情各异，栩栩如生。第一道门和第三道门之间的通道长约20米，两侧布满监视孔和垛孔。整座城堡易守难攻，历史上只有帖木儿汗率领的蒙古军队在1401年攻克过这个城堡。城堡内建有皇宫，还有大蓄水池、火药库、粮仓、兵营和大地牢等。城堡内清真寺是最醒目的建筑。它的尖塔高20米，远远望去，高耸入云，给石堡增添了神圣、威严的色彩。

上图为阿勒颇古城的骑士堡，下图为阿勒颇古城的骑士堡

伊斯兰陶制建筑图案——兰草

古城这些宗教建筑建于不同时代，因而具有不同时代的特征。

(上图)阿勒颇古城的清真寺。(下图)阿勒颇考古遗址。公元前333年，马其顿王国的亚历山大大帝从波斯帝国手中夺取了这座城市，西方文化传入，史称希腊化时期。

阿勒颇古城的宗教建筑

阿勒颇古城的骑士堡板石桥

上图为阿勒颇古城的骑士堡

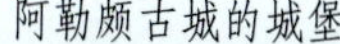

阿勒颇古城的城堡

位于黎巴嫩首都贝鲁特以南约80千米处的提尔城考古遗址

黎巴嫩

总面积：10 230 平方千米

人口

回 1000 000 以上

◎ 100 000 以上

● 10 000 以上

○ 10 000 以下

(1)提尔城考古遗址

位于黎巴嫩首都贝鲁特以南约80千米处。提尔城始建于公元前2750年，现在的考古遗址主要是这一时期留下的，有战车竞技场、列柱大街、跑马场等。

(2)比布鲁斯

位于黎巴嫩首都贝鲁特以北约40千米处。公元前3000年，比布鲁斯就成为地中海东岸木材贸易最重要的港口。比布鲁斯现存大量的历史遗迹。

□巴勒贝克

□安杰尔考古遗址

海拔

3000米

2000米

1000米

500米

200米

海平面

北

0 20千米

0 20英里

□巴勒贝克

巴勒贝克位于黎巴嫩首都贝鲁特东北约90千米。巴勒贝克城意即“太阳城”。始建于腓尼基时代。腓尼基人曾在这里修建神庙，供奉太阳神巴勒。公元前64年，巴勒贝克被罗马征服。在此后的200多年内，罗马人在这里建造了著名的宗教建筑群，巴勒贝克又成为罗马帝国的圣地。巴勒贝克的神殿建筑规模宏大，主要有万神之神朱庇特神殿、酒神巴卡斯神殿和爱神维纳斯神殿。

□朱庇特神殿　朱庇特神殿始建于公元60年，以巨石垒成，由大神殿、方形大中庭、六角形前庭和前门等构成。神殿的大柱高20米，直径达2.2米。石柱顶部用石榫连接，横梁上还雕刻着许多精致的狮头。

□维纳斯神殿　维纳斯神殿和前两个神殿相比显得小巧玲珑。院中有亭亭玉立的石柱以及幽静的曲径，给人美的联想和感受。

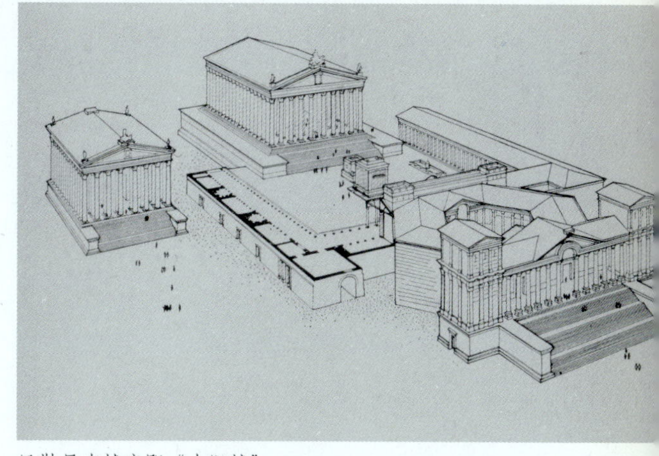

巴勒贝克城意即“太阳城”

巴卡斯神殿

巴卡斯神殿建于公元150年，造型与朱庇特神殿很相似。殿中有巴卡斯像。旁边有一大酒窖，四周墙壁上刻有各种谷物、蔬菜、水果和酒壶等图案。巴卡斯神殿的装饰华美，超过了当时所有的神殿。

巴勒贝克的酒神巴卡斯神殿

提尔城神殿雕塑

巴勒贝克的遗迹

巴勒贝克的神像

□安杰尔考古遗址

安杰尔考古遗址位于黎巴嫩首都贝鲁特东部。处于古时连接大马士革及南部地区商贸路线的交叉点上，因此成为历史上惟一的内陆商贸中心。安杰尔始建于公元8世纪，由倭马亚王朝兴建。在这里看不到历史的进程，只有倭马亚王朝的遗迹。

□建筑特色 安杰尔古城结构有条有理，像一座古代的宫殿。古城呈正方形，两条大街在市中心垂直相交呈“十”字形，把城市分割成4个区域。两条街相交的地方建有4座石头台基，上面各立着1根大柱。安杰尔建有许多王宫、公共浴池和清真寺。商店分布在大道两旁，店前都是拱门形状，支撑着高矮粗细各不相同的大柱，柱头的形状和装饰各不相同。

安杰尔考古遗址的断墙

（古塞尔·阿姆拉城堡）

总面积：88 930 平方千米

人口

- ◉ 100 000 以上
- ⊙ 50 000 以上
- ● 10 000 以上
- ○ 10 000 以下

古塞尔·阿姆拉城堡

位于约旦首都安曼以东85千米的艾兹赖格地区。公元7世纪中叶，倭马亚王朝统一了阿拉伯国家。古塞尔·阿姆拉城堡便是其中之一。

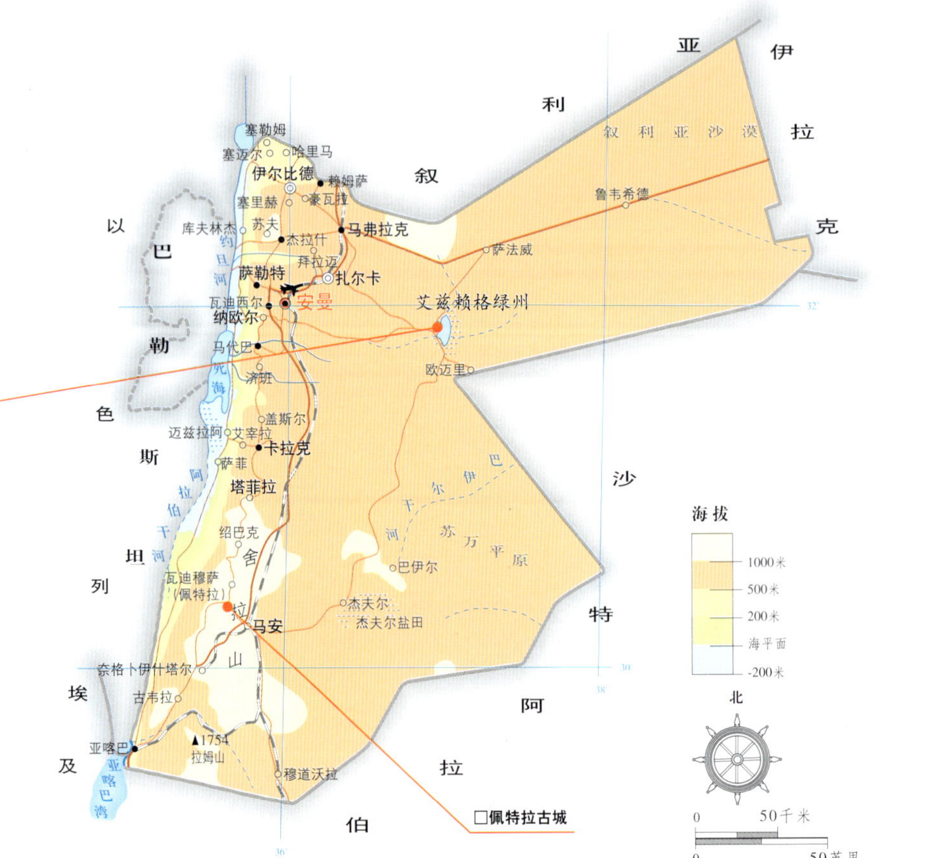

□佩特拉古城

佩特拉古城位于约旦首都安曼以南约190千米的山谷中。它的地理位置很特殊，惟一的入口是狭窄的山峡，易守难攻。但进入狭谷之后的山区，资源丰富、水量充足、利于游牧。曾是古代奈伯特人建立的厄多姆王国都城。始建于公元前1600年。古罗马时期，那巴特人在佩特拉建立王国。由于这里是埃及、叙利亚等国之间的交通要道，很快便成为商贾云集、繁荣昌盛的商业都市。公元106年，罗马帝国攻占了佩特拉，扩建城堡，使这里成为盛极一时的商队要道。

□建筑特色 佩特拉整座城市是在岩石上雕凿出来的，故在希伯来语中为“岩石”的意思。高大雄伟的殿堂排布在周围山崖的岩壁上，门檐相间，殿宇重叠，十分壮观。

□卡兹尼 卡兹尼是一座依山凿出的巨大殿堂，高40多米，宽30多米，也叫“宝库”，因为传说这是历代佩特拉国王收藏财富的地方。整个殿门分两层，下层有两根罗马式的石柱，高10余米，门檐和横梁都雕有精细的图案。殿门上的约3个石龛中，分别雕有天使、圣母和带有翅膀的战士石像。宫殿中有正殿和侧殿，石壁上还留有原始壁画。

□剧场 剧场也是雕凿出的，可容纳6000人。看台呈扇形，沿山而上排成阶梯。舞台用石柱支撑。

佩特拉古城剧场也是雕凿出的，可容纳6000人。

阿瑞塔斯二世至拉贝尔二世时期那巴特钱币。钱币的正面有国王的人像或是王室夫妻像，而背面是一象徵记号。

那巴特陶器

今日的那巴提人

那巴特铭文

那巴特人自波斯时代起就采用了亚兰文，在众多的宗教及墓葬铭文可发现。另外在岩壁的刻石、佩特拉石碑、商队中心及发现于死海洞穴中的那巴特的纸莎草纸中也可发现。归附罗马后，语言才阿拉伯化。那巴特人建造了一些蓄水池及水坝，为的是补给城市用水及引进丘陵上的雨水和干谷中的骤雨，用于沙漠地方谷物、葡萄、橄榄、石榴及蔬菜的种植。那巴特人的坟墓是由空砂岩垒成。在佩特拉为古典风格，在梅达因・沙蕾为东方风格。石头上的斜纹及号角形的柱头是此地建筑的特色，尼给夫及浩兰也发展出一种古典都市的建筑。

藏在山谷中的卡兹尼(上图)和佩特拉古城遗址局部(下图)

□耶路撒冷古城及城墙

耶路撒冷古城及城墙位于巴勒斯坦地区中部，是世界最著名的古城之一，面积约108平方千米，是犹太教、基督教和伊斯兰教共同的圣地。耶路撒冷的历史可追溯到5000年前。那时，迦南人的耶布斯部族在这里定居，故称城名为耶布斯。后来，阿拉伯人将这里称为“古德斯”，即“圣城”。再后来，希伯来人将这里称为“耶路撒冷”，“耶路”意为“城”，“撒冷”意为“和平”，即“和平之城”。作为宗教圣地的耶路撒冷也曾是古都城。公元前1049年，古以色列国的大卫王在这里定都。公元前4世纪以后，这里先后被马其顿、托勒密、塞琉古、波斯等王国统治。公元前63年，罗马人攻克耶路撒冷。

□犹太教圣地　传说罗马人统治耶路撒冷时，每逢星期五，犹太人常聚集在一段墙下哭泣哀悼。这段墙是在犹太圣殿废墟上用大石块垒起的墙，长近50米。后来，这段墙成为犹太教最重要的崇拜物，各地的犹太人都来到这里寄托对故国的思念，这就是最著名的“哭墙”，犹太教圣地也由此而来。

□基督教圣地　据《圣经》记载，耶路撒冷南郊小镇伯利恒是耶稣的诞生地。成年后的耶稣在耶路撒冷及附近地区传教，其教义抨击了当时的当权者和犹太教的某些戒规，因而遭到犹太教上层分子的忌恨，以“诱惑国民”和“僭称犹太人之王”的罪名，被钉死在城外的十字架上。耶稣受难后第3天复活，第40天升天。公元335年，罗马皇帝君士坦丁一世的母亲海伦娜在耶稣墓地建造了一座名为复活的圣墓教堂纪念耶稣，因此基督教也将耶路撒冷奉为圣地。

□历史古迹　耶路撒冷城历史悠久，留下了无数古迹。《圣经》中提到的人名、事件和地点，城中几乎都有相关的遗迹。有耶稣受难前夜和十二门徒举行“最后的晚餐”的地方；橄榄山有上帝派遣使者前来复兴犹太国的降临之处，那里也是耶稣升天的地方。

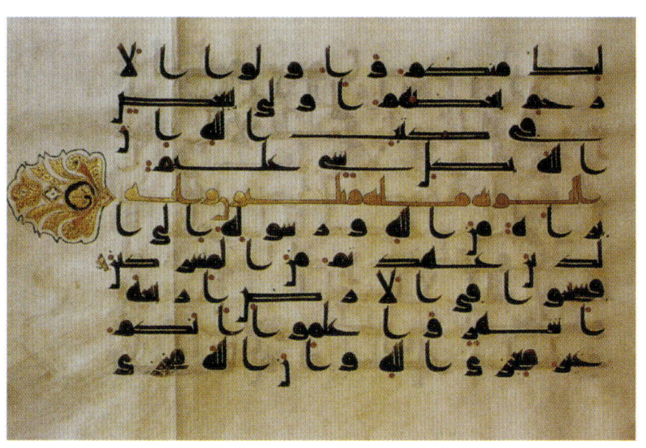

《古兰经》在穆斯林的宗教与世俗生活中具有极其重要的地位，它是伊斯兰世界种种教派、学说、社会思潮和社会运动的经典或理论根据。从11世纪第一本巴格达译本出来后，先后有拉丁文本和阿拉伯文本出现。

耶路撒冷圣地全景

救世主

耶路撒冷伊斯兰教圣地穹顶

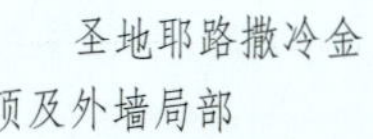

圣地耶路撒冷金顶及外墙局部

卡萨喜山宫殿建筑有人物、动植物和几何图形。

耶路撒冷城鸟瞰

伊斯兰教圣地

据伊斯兰教的《古兰经》记载，居住在麦加的伊斯兰教创始人穆罕默德，在一个夜晚被天使从梦中唤醒，他骑一匹长有女人头的银灰色的马来到耶路撒冷，踩着一块岩石登上七重天，接受神的启示。耶路撒冷因此又成为伊斯兰教的圣地之一。

耶路撒冷伊斯兰教圣地岩石圆顶寺内的穹顶

圣地岩石圆顶寺伊斯兰建筑风格

大卫建立以色列犹太王国

希伯来民族是由“十师”掌管的，他们的权力很少超出宗教首领的职权范围。但出于战争的需要，北方以色列人推举扫罗做希伯来国家的第一个国王。起初，扫罗还颇有威望，但很快就被南方犹太部落的大卫超过。大卫年轻英俊，机智勇敢，率领希伯来人不断取得对腓力斯丁人战争的胜利。而扫罗运气不佳，惨遭败北后自杀。从此，大卫当上了国王(前1000～前960)，继续领导人民与腓力斯丁人进行斗争，并取得了胜利，同时建立起南北统一的以色列—犹太王国，定都耶路撒冷。大卫在位40年，是希伯来人的强盛时期。但大卫王所追求的是战绩显赫、国王风光，而不是民众的幸福。随之而来的自然是加重搜刮和征兵频繁，到大卫晚年，部分地区已是怨声载道。

耶路撒冷圣地

耶路撒冷犹太教圣地——哭墙

耶路撒冷伊斯兰教圣地岩石圆顶寺内的岩石

大卫实现了王国政治的统一。在圣经宗教的世界里，圣城于是变成了世界的轴心，在它的中心，摩利亚山上的圣殿磐石就是与上帝见面的地点。

大卫之星，是中世纪中欧、东欧犹太人团体的宗教象徵，19 世纪时成为以色列的精神象徵。

指示棒是阅读用的把子或指示棒，用作阅读圣经经文顺序的导引。

律法书卷祭祀时，把律法书卷从圣约柜中取出，由仪式队伍带 着，然后放在讲坛上宣读。

卷轴以丝花覆盖，饰以银制的仪式饰物。

祈祷的地方

犹太会堂的平面图，依团体及宗教派别的不同而有差别，但基本结构都类似。

圣柜，柜中放置着摩西五经的卷轴，是圣经的象征。通常置于犹太会堂的东面墙旁。

集会与研读的地方

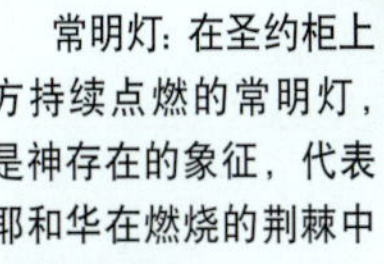

常明灯：在圣约柜上方持续点燃的常明灯，是神存在的象征，代表耶和华在燃烧的荆棘中向摩西显现。

室内摆设

犹太会堂包括了一个内含圣柜的壁龛(1)，其前可能有一个讲坛(Bima)(2)及主祭朗颂礼拜仪式的加高笠面桌(3)，一座中央的讲坛(4)和面对著圣约柜的第二张斜面桌(5)，在此朗诵律法。

十字军哈廷战役后，撒拉丁与狮心王理查谈判和平协定。图为《法兰克士兵放下武器》。

《古兰经》

《古兰经》源于穆罕默德在610～632年以安拉的“启示”为名传教的内容，由其弟子多默记录在兽皮、石版、枣叶上。穆罕默德逝世后，第一任哈里发阿布·伯克尔令人进行搜集和保存。鄂斯曼时，为统一各地流传的经文，令人进行订正、编纂，除麦地那保存一份外，分送初期哈里发国家的麦加、大马士革、巴士拉和巴林群岛等六个城区，同时销毁各地传本。这一定本流传至今。“古兰”意为“诵读”，全书共30卷，114章。分两大部分，其中麦加篇占全经2/3，麦地那篇占1/3。书中记述了伊斯兰教的基本信仰和信徒的基本义务(“五功”)；该教为穆斯林公社确立了宗教、政治、经济、军事和法律制度；另外还包括流传于阿拉伯半岛的古代故事、传说等。《古兰经》在穆斯林的宗教与世俗生活中具有极其重要地位，它是伊斯兰世界种种教派、学说、社会思潮和社会运动的经典或理论根据。从11世纪第一本巴格达译本出来后，先后有拉丁文本，阿拉伯文本。1694年后，在西方相继出版几个版本。中国自明清以来开始有选本。

狮心王理查在阿克观看撒拉丁军队处死其俘虏。

古兰经

礼拜厅／清真寺的主要部分是礼拜厅，在较大的清真寺建筑中是用来供接待信徒的中庭。礼拜厅末端的奇伯拉墙(pibli wall,由pibla而来，指“麦加的方向”)是最神圣的地带，也是建筑物中装饰最华丽的地方。

壁龛／凹奇伯拉墙面的壁龛，是用来指示圣城麦加的方向。

讲坛／用于宣道的讲坛是伊玛目于星期五之大讲道的所在。公元628年来到麦地那穆圣家中庭院听他讲道的人变得极多，故此，他的同伴为他设置了一个高讲坛。

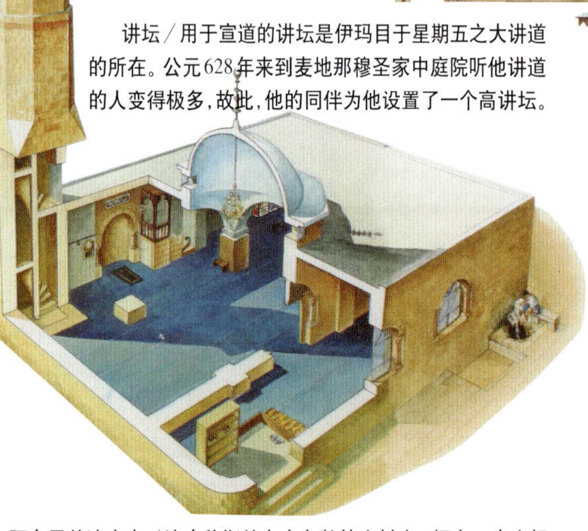

净礼的水池／信徒在进入礼拜厅前，必须先行净礼。

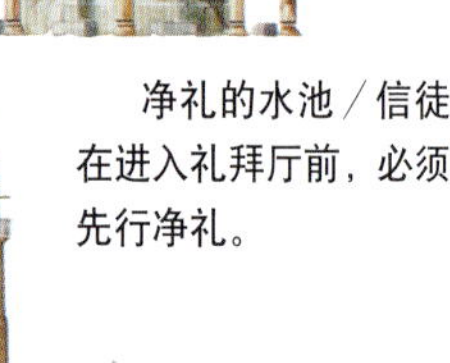

唤拜楼／唤拜楼是一高塔建筑，位于伊斯兰宗教建筑的角落。司赞在唤拜楼顶召唤信徒前来礼拜。

阿布果什清真寺／这座穆斯林占大多数的小村庄，拥有一座小规模的清真寺，但其间风格为伊斯兰建筑的精华表现。

耶路撒冷的东正教教堂／诗班的位置在传统上视为献祭的地方，只向神职人员开放。精致的圣像屏风包括了5排镶板和3个门。在正中央的门前设有讲台，是讲道或信徒领圣餐的地方。前方放置读经台。

A.司仪神父专用的圣门。B.南门或圣殿的入口。C.北门或圣殿的出口。D.基督的圣像，上帝的智慧。E.教堂主保圣人的圣像。F.施洗约翰的圣像。G.给使徒们的圣餐。

教堂／十字架的多样化，反映了教会的分歧。

圣言／圣经是“主的道”的可见(书写)形式，这种衣索比亚福音书的形状可视为“主的道”体现在耶稣基督身上。

耶路撒冷的十字／十字架为基督教在圣地存在的象征。今日方济各会与希腊东正教及亚美尼亚社区都有看管圣地的责任。

东正教的圣殿／东东正教教堂中，圣殿与中殿之间以圣像屏风隔开。圣殿包括了：1.祭坛，有时上覆华盖。2.高宝座或主教的席位。3.教士的席位。4.圣餐台准备圣餐仪式祭品的地方。5.圣衣房：教士换穿圣衣的地方。

圣母的圣像／天国之门。

神的存在／这盏拜占庭油灯的火焰，以基督符号装饰，传统上在圣餐圣体中，象征主的真实存在。

衣索匹亚的十字架／在衣索匹亚教会的圣餐仪式中占有重要的地位。希腊式的衣索匹亚十字架的底端有一柄，包括了用来上系珍贵布料的两个环子。

拉丁教堂／祭坛向信徒开放。拉丁教堂为了纪念耶稣的最后晚餐而将桌子放在祭坛，主祭及信徒围在桌子周围。

十字军东侵

1096～1291年，西欧封建主、意大利商人打着消灭伊斯兰异教、夺回圣城耶路撒冷的旗号，对地中海东岸各国发动了侵略性远征。出征战士佩有十字标志，远征军由此得名。第一次十字军远征(1096～1099)，占领了耶路撒冷，建立耶路撒冷王国以及爱德萨、安条克和的黎波里等军事封建国家。1144年，法王路易七世、神圣罗马帝国皇帝康拉德三世发动了第二次东侵(1147～1149)，遭到失败。1189年，法王腓力二世、神圣罗马帝国皇帝腓特烈一世和英王理查一世发动第三次远征，再次遭到失败。1202年，教皇英诺森三世发动第四次远征，攻占了君士坦丁堡及拜占庭大部分领土，并建立了拉丁帝国(1204～1261)。此后又接连发动了四次远征，但均无结果。1291年埃及军队攻克十字军在东方最后一个据点阿克，十字军东侵以彻底失败告终。

耶路撒冷大屠杀。经过五周的围困，十字军终于在1099年7月攻占了耶路撒冷。十字军进城后大肆掠夺财宝，并不分犹太教徒和伊斯兰教徒，对全城居民进行了疯狂屠杀，历时达一周。

□西奈半岛
连接非洲和亚洲的三角形半岛

西奈半岛是连接非洲和亚洲的三角形半岛，面积6.1万平方千米。西濒苏伊士湾和苏伊士运河，东接亚喀巴湾和内盖夫沙漠，北临地中海，南濒红海。东西最宽处210千米，南北最长达385千米。半岛的干燥地带称西奈沙漠，苏伊士湾和苏伊士运河将其与埃及的东部沙漠分开，西奈沙漠继续向东延伸进入内盖夫。西奈半岛地理上属亚洲，为埃及的东北端，东邻以色列和加沙地带。1967年阿拉伯－以色列战争期间半岛被以色列军队占领，1982年根据1979年和约归还埃及。最早的书面记载始见于公元前3000年，当时古埃及人记录了他们在那里寻打铜矿的情况。

沿西奈北岸的一条大道数百年间曾一直是埃及与巴勒斯坦之间的主要商道。埃及帝国衰落后，来自佩特拉的纳巴泰人控制西奈商道达200年之久，公元106年被罗马人击败。这一地区遂还为罗马帝国中的阿拉比亚省。

在基督教的早期，西奈成为许多隐士和苦行者的居住地，特别是南部山区。1517年后，西奈归属奥斯曼帝国，19世纪早期，埃及摆脱了土耳其的直接统治。而第一次世界大战期间，北西奈省省会阿里什地区成为土耳其和英国人进行战斗的地方，战争结束后，西奈移交给埃及，然而自1946年以来，西奈又成为以色列和埃及军事冲突的地点。

西奈可分为两个主要地区。第一个地区是南方的高山群，包括凯瑟琳山(2642米)、肖马尔山(2585米)和西奈山(2285米)。南区是火成岩山地。第二个地区是一片大高原，占西奈2/3的面积，从900米以上的高度向地中海倾斜，有广阔的阿里什平原，西部和北部有沿海平原，上有沙丘。北部(或地中海)水系在阿里什镇附近注入地中海。东部(亚喀巴湾和死海)流域和西部(苏伊士湾)流域都有小河流过。在南部山坡和北部高原上有些灌木林。动物很少，有野山羊、瞪羚、狐、豹等。境内人口稀少，主要集中在北部边缘，这里水源充足，此外西部边缘人口也较多，这里开采石油和锰矿。定居人口从事农业、土地开垦、畜牧业、石油业、矿业、渔业和旅游业。游牧的贝都因族也越来越被吸引到此。沿海平原几十万公顷土地成为耕田。生产大麦、水果、蔬菜、椰枣和橄榄。

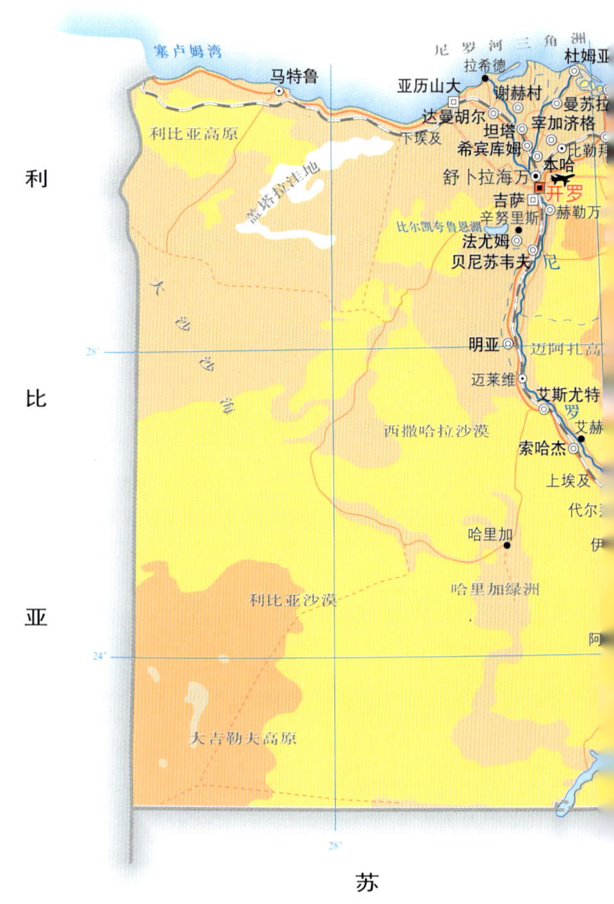

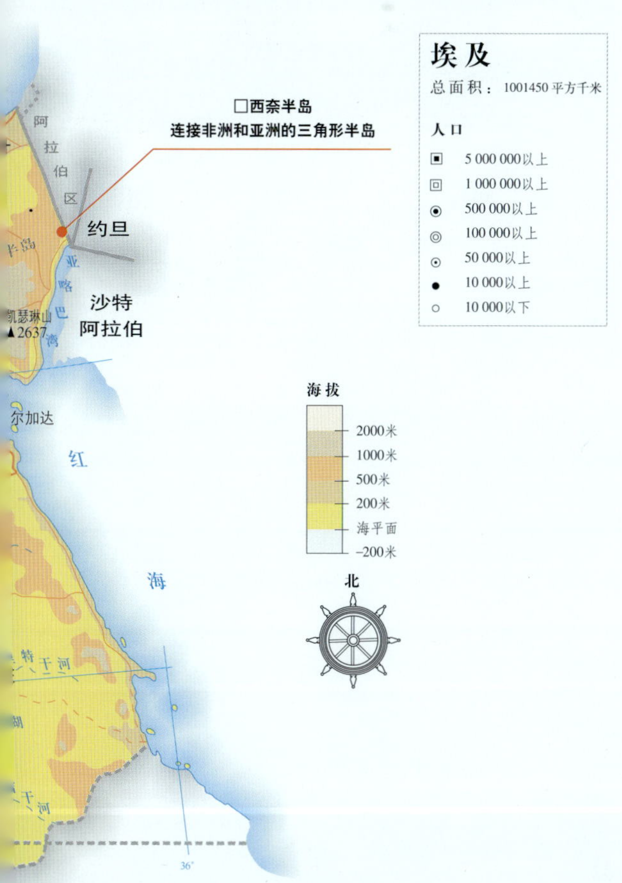

西奈山

西奈山又称摩西之山或何烈山，希伯来语拉丁字母转写作Har Sinai(西乃山)，阿拉伯语拉丁字母转写作Jabal Mosa(摩萨山)。埃及西奈半岛中南部的花岗岩山峰。位于南西奈省境内。在犹太历史中此山是上帝发出启示的主要地点，根据《圣经》，上帝在此向摩西显灵，并赐给他十诫(《出埃及记》第20章；《申命记》第5章)，该山因此著名。在基督教和伊斯兰教的传说中也是圣地。这座山峰长期被犹太教、基督教和伊斯兰教视为圣地。在基督教的早期，隐士们常来此地。530年在西奈山北麓修建了圣凯瑟琳隐修院。至今仍有西奈山自主的正教会少数修士居住。是世界上最古老的一直有人居住的基督教寺院。西奈山海拔2285米，从1967年的六日战争直到1979年归还埃及时，一直在以色列管辖下。现已成为重要的朝圣地和旅游地。

西奈山

西奈山脉查士丁尼皇帝所盖的圣凯瑟琳修道院

西奈半岛海湾成为埃及旅游圣地

半岛各地有些贝都因人仍过着游牧生活。

西奈山脉中的圣凯瑟琳修道院

朝圣凯瑟琳修道院进入了菲朗洼地33公里后干涸的山涧突然变成一片椰枣林。这就是菲朗绿洲。半岛上最大和最肥沃的耕地。冬季的雨水和融化的雪水形成短命的急流浇灌着山谷。成群的贝都因人小屋遍布整个棕榈树林。洼地可能是圣经上说的阿马拉基人和以色列人之间战斗的地方。山里是散落的寺院遗迹、礼拜堂和早期基督徒的隐居茅屋，这些教徒认为这就是圣经上的埃利姆。很难想象宁静而清澈的菲朗在中世纪时期是座嘈杂的教堂城市。从绿洲南边最容易向上走到阿利亚特洼地，这里升起了卡巴尔锡尔巴尔峰，高度2070米，对西奈山脉来说不算是高，但它的孤立却使从顶上眺望的视野变得开阔，是真实的西奈山。罗马大帝查士尼于537年下令修建的一座碉堡式修道院，并以一位美貌才女凯瑟琳命名，来纪念她反抗偶像崇拜而殉道的壮举。原先供奉耶稣变容，修在碉堡内部的教堂被以圣凯瑟琳重新命名。

(上图)西奈半岛海湾成为埃及旅游圣地

(上图)在以色列东部有丰富的食盐，死海构成约旦和巴勒斯坦地区边境的一部分，离主要城市耶路撒冷和安曼分别为19公里和48公里。以色列水资源匮乏，主要的自然资源是从死海中提炼的钾盐，镁盐、溴、磷酸盐等等。

西奈半岛是连接非洲和亚洲的三角形半岛，北临地中海，与以加沙、特拉维夫及巴勒斯坦、贝鲁特同属地中海海岸。自1967年阿拉伯－以色列战争之后，以色列首都特拉维夫成为横跨亚、非的贸易中心。图为空中俯瞰以色列首都特拉维夫，它正在变成这个地区的金融中心。

西奈半岛地理上属亚洲，为埃及的东北端，东邻以色列和加沙地带。沿西奈北岸的一条大道数百年间曾一直是埃及与巴勒斯坦之间的主要商道。图为约旦河西岸纳布卢斯外面的牧羊谷。

撒玛利亚巴勒斯坦中部一古城，位于现今约旦的西北部，该城为以色列北部。是埃及与巴勒斯坦之间的主要贸易商道。图为一位巴勒斯坦商人正在叫卖他的古玩。

穿过西奈山圣地就可看到罗底位于伯利恒的东部，是古罗马统治时期希律王建在沙漠小丘上的寺庙。

穿过西奈山圣地的悬崖就可俯瞰巴勒斯坦加里利湖

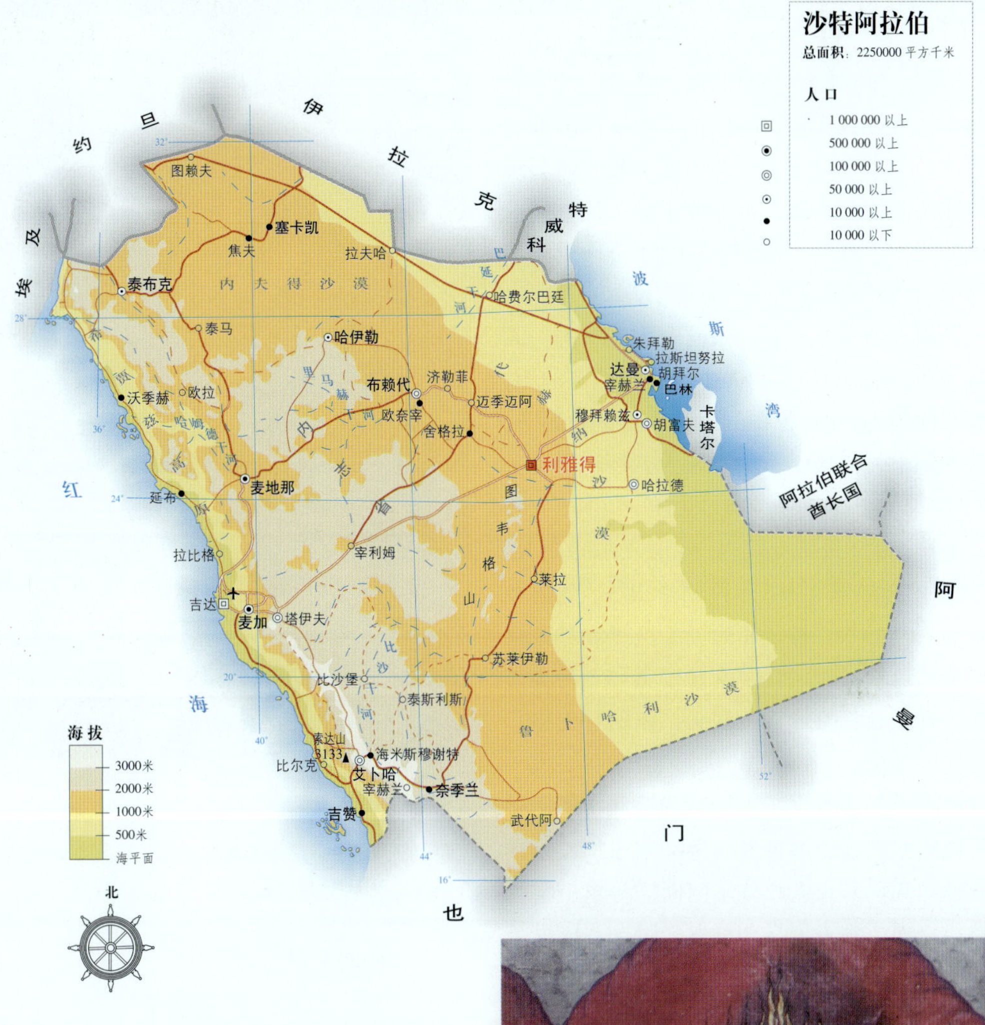

先知的感召和早期宗教活动　穆罕默德似乎性喜沉思冥想。约610年，穆罕默德在思索这些问题时，看到一庄严幻象，后来认定是天使加百列，并听到有声音说："你是安拉的使者。"这是他成为安拉的使者或先知的开端。此后他不时接到"启示"，他相信这是安拉直接传来的信息。有时，穆罕默德和他的信徒将这些启示铭记在心，有时将之写下来。约650年，这些启示被汇集起来，缀辑成《古兰经》，流传至今。613年左右，穆罕默德开始公开传教。

□麦加：伊斯兰第一圣城

阿拉伯语作Makkah，古代称Bakkah。为最神圣的穆斯林城市，位于沙特阿拉伯红海岸内陆的锡拉特山区内。面积约26平方千米。麦加是一座与传统有密切联系的历史名城。麦加位于易卜拉欣河及其几条短支流的干河床上，海拔277米，四面受锡拉特山地包围，高峰有东面的艾季雅得山，高407.6米；阿布古拜斯山，高372.6米；西面的古艾坎山，高427.3米。东北面的希拉山高634.4米，山中有一洞，穆罕默德在成为先知前，曾在洞内寻求离世和显圣。也是在这个洞里，他接受了神圣《古兰经》的第一节。城南面的索尔山高759.5米，也有一山洞，先知在前往麦地那之前，曾藏身洞内，躲避麦加的众人。

麦加因地势较低，尽管年降雨量很少，气温夏季可达45℃。植物少，都是能耐受高度干燥和炎热的种类。天然植被稀疏，其中有柽柳类和各种类型的金合欢。野生动物有野猫、鬣狗、狐狸和更格卢鼠(跳鼠)。

□历史 古代的麦加是旧商队贸易路线上的一处绿洲，这条路线把地中海世界与南部阿拉伯、东非及南亚连续起来。该市大致位于南面的马里卜和北面的佩特拉之间，到古罗马和拜占廷时期逐渐发展成为一处重要的贸易和宗教中心。托勒密只知其名为马科拉巴。在伊斯兰教于7世纪出现之前，麦加城内朝圣的中心点——立主形的石建筑——已经过多次的摧毁和重建。

随着公元570年左右穆罕默德的诞生，该城便取得了重要的宗教地位。这位先知于公元622年被迫从麦加逃亡，但8年后他又返回，他扫除了麦加的各种偶像，宣布麦加是穆斯林朝圣的一个中心，并将其奉献给安拉。麦加保持着实际上的独立，虽说它承

穆斯林们向阿里宣誓效忠。阿里是穆罕默德的干弟和女婿，他是第四任哈里发。尽管后来伊斯兰教社会分裂成为什叶和逊尼两派，但是彼此竞争的群体之间的紧张关系还在继续，这人给伊斯兰社会带了麻烦。

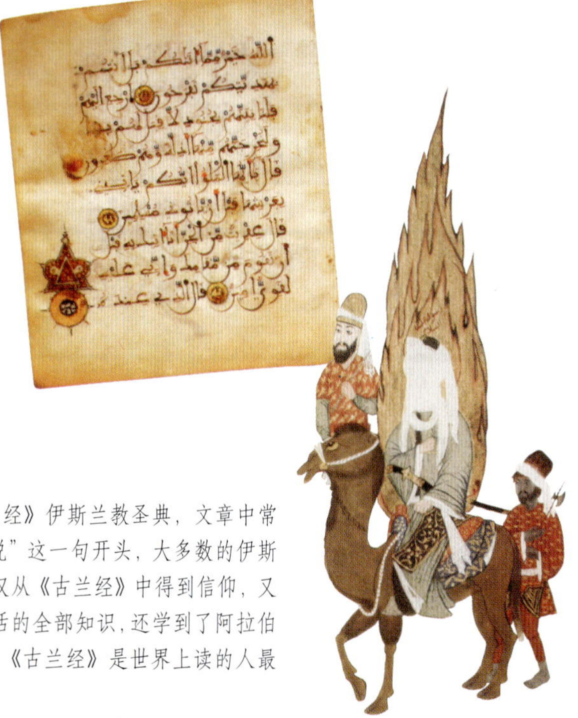

《古兰经》伊斯兰教圣典，文章中常以“安拉说”这一句开头，大多数的伊斯兰教徒不仅从《古兰经》中得到信仰，又学到了生活的全部知识，还学到了阿拉伯语的读法，《古兰经》是世界上读的人最多的书籍。

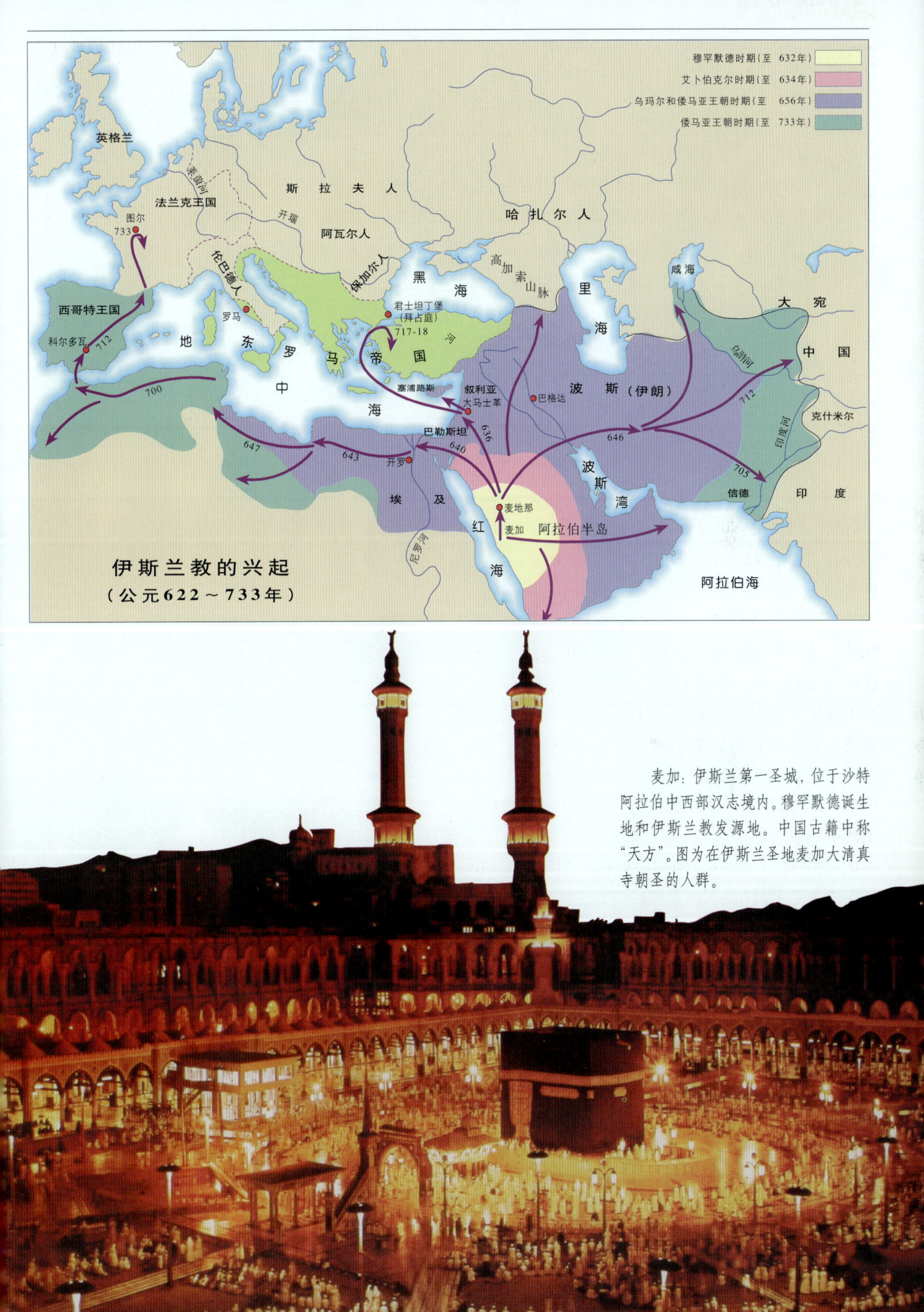

麦加：伊斯兰第一圣城，位于沙特阿拉伯中西部汉志境内。穆罕默德诞生地和伊斯兰教发源地。中国古籍中称“天方”。图为在伊斯兰圣地麦加大清真寺朝圣的人群。

圣城麦加

上刻“All”一词的奥斯曼巨型镀金战斧。

伊斯兰世界

7世纪初，阿拉伯人分为多个部族。610年居住在麦加的哈申族商人穆罕默德开创了伊斯兰教，伊斯兰的意思是“对神的绝对服从”，他的后继者们继续进行布教、征服，不久征服了波斯、叙利亚、埃及、美索不达米亚。750年，伊斯兰帝国的领土从印度到西班牙、非洲的撒哈拉大沙漠，十分广大。现在的伊斯兰教超越了人种与民族、国家的界限，信徒达8亿以上，是世界上最大的宗教之一。

公元624年，先知穆罕默德(最左边者)骑着骆驼，率领他的战士在拜德尔之战中迎战麦加的军队。那些在拜德尔参战的士兵得到了战利品，牺牲的人获准进入天堂。在那里他们将享受人类最世俗的快乐。

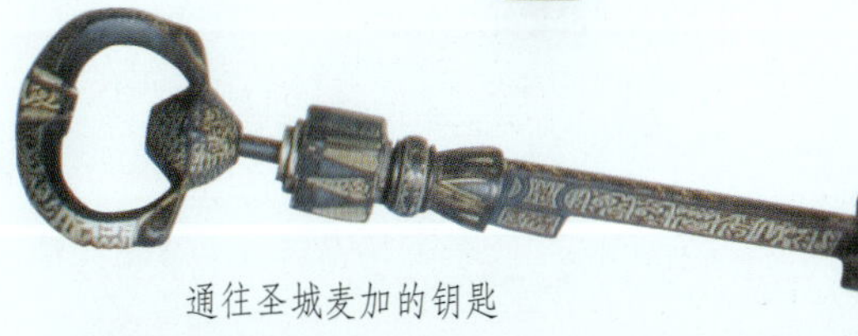

通往圣城麦加的钥匙

伊斯兰古开斋节圣典场面

认大马士革的权势，后来又承认拉克巴格达的阿拔斯王朝哈里发的统治地位。

公元1269年，它处在埃及的巴木路克苏丹们的控制之下。1517年，这座圣城的主宰权转入君士坦丁堡(现伊斯坦布尔)的奥斯曼土耳其人手中。城市统治者都是从谢里夫(即穆罕默德的后裔)们中选出，他们对周围地区保持着强大控制。第一次世界大战后，随着土耳其势力的瓦解，国王伊本·沙特于1925年进驻麦加，于是该城成了沙特阿拉伯的一部分，并且是麦加直辖省的首府。

(3)萨夫兰博卢城

位于土耳其北部的宗古尔达克省，首都安卡拉以北约140千米。坐落于居姆舒谷的山谷中。分为查尔舒、克罗拉科依和伯拉尔三个区。用石头铺的路像蛇一样蜿蜒曲折，路两旁是补鞋店和打铁铺。(图为萨夫兰博卢城街道)

□伊斯坦布尔历史地区

(1)特洛伊考古遗址

位于土耳其达达尼尔海峡主要港口查纳卡累以南40千米。公元前13～前12世纪的特洛伊是一座富有的城堡。英雄奥德赛献上妙计，希腊联军攻下特洛伊，洗劫了这座城市，这就是有名的“特洛伊木马之计”。(图为特洛伊考古遗址)

(2)赫拉波利斯和帕穆克卡莱

位于土耳其西南部的代尼兹利省，在首都安卡拉西南约420千米处。赫拉波利斯是公元前2世纪为巩固边防而修建的要塞。帕穆克卡莱是“棉花城”的意思，与这个地区盛产棉花有关。(图为赫拉波利斯的古罗马大剧场)

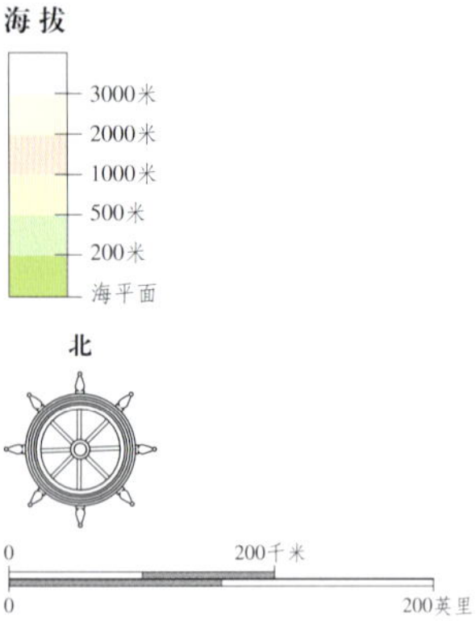

□内姆鲁特山考古遗址

□哈图沙什古城

海拔

3000米
2000米
1000米
500米
200米
海平面

北

0 200千米

0 200英里

□科散托斯及圣地莱托遗址

位于基尼克附近，在费蒂叶以南，土耳其西南部的安塔利亚省。在首都安卡拉西南约520千米处。传说科散托斯城是由希腊神话中的萨尔帕顿建造的。圣地莱托地名来源于希腊神话中的女神莱托。

□科散托斯　科散托斯有一座被称为哈鲁庇亚之墓的塔，建于公元前480年左右。正方形的塔座上竖立着一根高约8米的石制角柱，顶上放着石板，石板上部有可容纳几个石棺的墓室。因桑瑟斯有一种风俗，把死者安葬在生者上方，故有此塔。外壁最上部雕刻着民族英雄的浮雕。浮雕两端刻有希腊神话中长有鸟的翅膀和爪子的人——哈鲁庇亚。

□圣地莱托　圣地莱托距科散托斯很近。希腊神话中圣地莱托是宙斯众多情人中的一个，她生下了阿耳忒弥斯和阿波罗后，为了躲避宙斯的妻子赫拉的追杀逃到科散托斯河附近，即圣地莱托。她用科散托斯的泉水解渴，并借助神力将追赶她的人变成了青蛙。人们修建了三座神殿，纪念圣地莱托和她的两个儿子。

传说桑瑟斯城是由希腊神话中的萨尔帕顿建造的。莱顿地名来源于希腊神话中的女神莱顿。(图为莱顿神殿遗迹)

(4)迪夫里伊的大清真寺和医院

位于土耳其的锡瓦斯省，在首都安卡拉东部约470千米处。是一座长64米、宽32米的长方形建筑。该地12～13世纪的建筑可以说是穆斯林土耳其艺术的最早范例。(图为迪夫里伊的医院大门)

土耳其

总面积：510 890 平方千米

人口

- ▣ 5 000 000 以上
- ◻ 1 000 000 以上
- ◉ 500 000 以上
- ◎ 100 000 以上
- ⊙ 50 000 以上
- ● 10 000 以上
- ○ 10 000 以下

科散托斯及其圣地莱托

有原本为9米高的石柱墓碑，鸟身女妖，是一个非常豪华的吕西亚君主墓碑，现在不列颠博物馆。有吕西亚的卫城和韦斯巴芗拱门(公元69-79年)以及吕西亚的圣地莱托——阿波罗的母亲。它现在已被作为吕西亚历史特别重要的见证。公元前6世纪出现石柱墓碑。公元前7世纪吕西亚国王统治。公元前545年遭到哈帕哥斯统帅的波斯军队的破坏。约公元前480年出现鸟身女妖石柱大墓碑。公元前431～前404年在斯巴达和雅典军舰。公元前334～前333年被亚历山大大帝的军队占领。公元前42年在罗马国内战争期间遭到破坏。公元2世纪罗马统治下新的兴盛时期。1838年被查理·费劳重新发现。1962年发掘圣地莱托。

克里特神庙中发现的女神造型

□哈图沙什古城

哈图沙什古城位于土耳其中部乔鲁姆省。

在首都安卡拉以东约150千米处，曾经是赫梯王国的首都。这里海拔约1000米。地势南高北低。城外有天然的要塞——横贯东西的峡谷。主要古迹有总长8千米的双层城墙，城南有大神殿遗址和4座神殿遗址；城西南有刻着赫梯王国舒比利乌马什二世碑文的岩石；城北有公元前1950年亚述人居住过的遗址。最著名的遗迹是比约克遗迹。这里发掘出的两万多块支离破碎的黏土板上刻有楔形文字。内容写的是下起洗衣人、上至财务官的宫廷内部组织情况，以及官方契约、书信等。为研究史前人类的文明提供了珍贵的资料。

□温克勒在哈图沙什：1905年10月，德国的亚述学家温克勒博士开始挖掘土耳其首都安卡拉以北的博阿兹柯伊遗址。温克勒在那里找到了34块泥版碎片。他在那里的挖掘一直延续到1906年，在一年的时间里，他的挖掘成果出人意料：发现了1万多块楔形文字泥版，还掘出部分城市，许多泥版以阿卡德文书写，其中一些是埃及和哈梯王之间的通信。他明白自己掘出了西台王室档案，也知道博阿兹柯伊就是西台首都哈图沙什。1913年温克勒死后，一位年轻的捷克学者赫罗兹尼解读出这种西台语，并有惊人的发现：这种西台语属于印欧语系(该语系包括多数现代欧洲语言)，而且可能是印欧语系中最古老的语言。

(下图为)哈图沙什的史前壁画。

众神出巡。刻在岩石上的巡行男神浮雕，是画窟殿中神圣艺术的一部分。众神头戴尖顶王冠、身穿短裙，脚蹬卷边鞋，手持弯刀或权杖。

安纳托利亚的西台人

公元前第2千纪，安纳托利亚的西台人成为近东地区一支强大的力量。他们在不同时期主宰近东地区约达4个世纪之久，成功地向埃及在叙利亚的霸权挑战，直到他们在公元前1200年左右衰落为止。首都哈图沙什(现代的博阿兹柯伊)位于安纳托利亚中部，西台人从那里控制帝国；该帝国的历史以扩张和衰退为其特点。有时帝国版图小到只在首都的范围之内。

哈图沙什原是哈梯人的定居点。西台人的来历不明，该民族的早期情况也只有片断的证据。约在公元前1800年，西台王库萨拉的阿尼塔将哈图沙什夷为平地，到了汉摩拉比时代(公元前1792-1750年)，这个位于海岬高处的城市已经变成西台人的城市了。

在哈图沙什发现的西台人档案，年代约在公元前1650年，档案显示西台人说的是一种印欧语言。有关历史、政治、法律事务、文学和宗教的文件多数是用西台语以楔形文字写在泥版上，也有用其他语言书写的泥版，包括作为外交语言的阿卡德语在内。

在哈图西利斯一世(约公元前1650年)统治时期，叙利亚北部被征服了，该地因其贸易路线及作为前往地中海岸港口比布鲁斯和乌加里特的通道，而具有重要性，日后又失而复得。大约在公元前1550年，穆雨西利斯一世袭击并劫掠巴比伦，促使汉摩拉比王朝衰落。米坦尼帝国出现以后，西台人失去了领土，公元前1380年，苏皮卢利乌马斯一世即位，西台人再度攻下叙利亚，通过属国进行统治，并控制卡赫美什和阿拉拉赫等强大的城市；与此同时，西台人与乌加里特、阿拉拉赫缔结了条约。

和平一直维持到西台帝国于公元前1200年前不久消亡为止。至今仍然不清楚西台帝国为什么会突然消亡，据说西台人由于垄断铁的生产而强大，西台人能打胜仗主要得利于马和战车。但他们的某些特征在安纳托利亚东南部和叙利亚北部一些新西台小王国中仍留存了三个世纪。

众神出巡浮雕的局部

赫梯雕刻

(上、下图为)哈图沙什古城位于土耳其中部乔鲁姆省。曾经是赫梯王国的首都。海拔约1000米。地势南高北低。城外有天然的要塞——横贯东西的峡谷。主要古迹有总长8千米的双层城墙，城南有大神殿遗址和4座神殿遗址；城西南有刻着赫梯王国舒比利乌马什二世碑文的岩石；城北有公元前1950年亚述人居住过的遗址。

(上、下图为)哈图沙什的一处大门，以狮子雕刻而闻名。这座城市的大门两侧有典型的深基眺望塔。

□卡帕多希亚石窟建筑和格雷梅国家公园

卡帕多希亚石窟建筑和格雷梅国家公园位于土耳其的卡帕多希亚省，在首都安卡拉东南部约220千米处。卡帕多希亚因火山爆发，凝灰岩形成奇岩林立的特殊景观，呈笋状和塔状的岩景奇妙无比。中世纪以后，许多修道士到这里生活，留下了很多洞窟修道院和洞窟教堂。格雷梅地处阿伐罗斯、内夫谢希尔、尤鲁长普三个城镇连接的三角地域，面积96平方千米。

□卡帕多希亚石窟建筑　卡帕多希亚石窟像迷宫一样的洞窟内，不但有换气用的烟囱，还有汲水的地方。洞窟里还建造了许多教堂。据记载有近400座洞窟修道院和洞窟教堂。现存的修道院和教堂中有许多壁画，这些壁画画的是《圣经》中的人物，使用的颜料至今色彩鲜艳。

□格雷梅国家公园　格雷梅国家公园有许多珍稀动物和植物。动物有狼、红狐、獾和欧亚水獭等。植物有100多种，其中包括濒临绝迹的刺果豆等。

这个新近在斯洛伐克马卡出土的10世纪初叶的铜十字架，证明拜占庭的传教士们的曾在摩拉维亚传教。

土耳其卡帕多基亚地区的风光

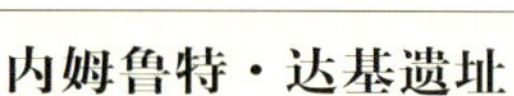

内姆鲁特·达基遗址

内姆鲁特·达基石灰岩山岭海拔2150米处，建有科马格尼国王安蒂奥科斯一世的50米高的祭祀地和墓地，有巨型人物像，宗教仪式列队之路，有阶梯圣坛，有最大的雕像，有戴着波斯国王头饰和王冠的大胡子宙斯、有头上顶着一个水果篮的科马格尼的土地女神。其属土耳其，陶鲁斯东南部，在阿迪亚曼的东北，在古希腊文化时期小亚细亚最有特色的建筑之一，是古希腊文化与波斯文化融合的见证。公元前163年，在塞琉西王朝衰亡后，科马格尼王国独立。公元前69～前38年，安蒂奥科斯一世统治。72年科马格尼王国衰亡，成为罗马西里亚省的一部分。1882年卡尔·胡曼记录下祭祀地。

君士坦丁堡教堂里的这幅镶嵌画中，一名政府官员和他的助手在登记纳税市民的名单。拜占庭是中世纪欧洲惟一有征税机构的国，接受现金、货物和徭役等形式的税赋。对农民和城市居民同样征税。

华丽的封面。拜占庭帝国中，会读书写字的人是学者、修道士。因此，书籍成为可夸耀的东西，常常用黄金物宝石来装饰，作为一种贵重品。

卡帕多基亚地区的风光，卡帕多希亚因火山爆发，凝灰岩形成奇岩林立的特殊景观，呈笋状和塔状的岩景奇妙无比。中世纪以后，许多修道士到这里生活，留下了很多洞窟修道院和洞窟教堂。

卡帕多西亚地区绘有圣母像的教堂壁画(10 世纪)

这是 14 世纪马其顿教堂壁画中的西里尔和美多德的画像。这两人因其对斯拉夫人的传教工作被罗马和东正教教廷都宣布为圣徒。

□伊斯坦布尔历史地区

伊斯坦布尔历史地区位于土耳其西北部，在首都安卡拉西北约380千米处。是土耳其最大的城市和历史名城。伊斯坦布尔最初名为“拜占廷”，公元前6世纪后半叶，被阿肯缅内斯王朝所统治。公元前4世纪后半叶，被马其顿王国的亚历山大征服。公元前2世纪，罗马人占领了拜占廷，将城堡向西扩张到卡拉地桥，重新建造城墙。罗马帝国分裂后，东罗马帝国的君士坦丁大帝将拜占廷改名为“君士坦丁堡”，并将首都迁到这里。此后的数百年间，君士坦丁堡虽然数易其主，但始终是地中海东部政治、经济、文化中心。公元1435年，奥斯曼土耳其帝国将东罗马帝国击溃，奥斯曼苏丹在此建都，始称“伊斯坦布尔”。有2000多年历史的伊斯坦布尔受天主教、东正教、伊斯兰教的影响都很大，尤其是伊斯兰教的影响最为深远。所以这里的清真寺无论是数量还是规模都是世界之最。此外，它的教堂和宫廷建筑也极为华美。

苏丹哈迈德(蓝色)清真寺。

这幅14世纪的插图中，拜占庭骑兵挥动长矛进行战斗。1014年，拜占庭与南欧斯拉夫人进行了许多次战役。有一场战役，据说巴西尔二世下令将1400名俘虏的眼睛刺瞎。每100名俘虏，只允许一名保留一只眼。他在战争中的这种残忍暴行为他赢得“屠夫巴西尔”的恶名。

这个12世纪拜占庭风格的金银香炉见于威尼斯圣马可教堂，这座教堂保存有1024年威尼斯对君士坦丁堡十字军战争的遗物。

土耳其的最大城市伊斯坦布尔历史地区位于土耳其西北部，在首都安卡拉西北约380千米处。是土耳其最大的城市和历史名城。

土耳其伊斯坦布尔的圣索菲亚大教堂的中央穹顶(建于6世纪)

公元968年代表意大利国王奥托一世访问君士坦丁堡的使者

这幅君士坦丁堡考拉修道院教堂中的镶嵌画是为纪念著名的政府官员西奥多·梅托奇茨而做的，画中他正向耶稣基督呈献教堂的模型。

硬币描绘了11世纪时的皇帝迈克尔七世，两边立着他的两个弟弟。君士坦丁堡铸造的金币以保值著称，使拜占庭货币成为世界上最稳定的货币。

这幅镶嵌画见于拉维纳的圣维塔里教堂，画的是皇后提奥多拉和她的侍女。一些历史学家认为它没有刻画出提奥多拉真正的美丽。

征服世界之梦

奥斯曼一世继任部落首领，就在一个虔诚的穆斯林家中过夜，这个穆斯林向他介绍了《古兰经》。他读至深夜，站立入睡，梦见一棵大树从他的腰间长出。它的枝长得非常高，以至已知世界的高山山脊为它覆盖，而它的根部则被底格里斯河、幼发拉底河、多瑙河和尼罗河那样的大河所滋润。一阵风吹过，树枝上的叶子变成了宝剑，剑尖均指向君士坦丁堡方向，该城看起来像一个传说中的镶满宝石的指环，摘取它的时机也仿佛已经成熟。

1453年5月29日苏丹穆罕默德二世占领破败的君士坦丁堡之时，玫瑰花正在盛开。在以后的几个世纪里，这座城市将经历一次复兴，但不是作为基督教的中心，而作为穆斯林土耳其人的首都。

奥斯曼一世

奥斯曼一世

奥斯曼一世(1258～1324)，安纳托利亚西北部土库曼公国的统治者，奥斯曼土耳其国家的创建者。原为乌古思土库曼人，其父在安纳托利亚西部北以瑟于特为中心成立一个公国。他继位后，坚持不懈地对拜占廷人展开顽强的斗争。曾占领要塞。最大成就是在生前征服了布尔萨。

□苏丹哈迈德一世清真寺 苏丹哈迈德一世清真寺是伊斯坦布尔450座清真寺中最著名的一座。建于1616年，主殿有3000多平方米，仅用4根大圆柱支撑着直径4米、顶高43米的圆形拱顶，气魄宏伟。墙壁用21，000多块蓝色的花瓷砖镶成大幅具有民族特色的图案，精美绝伦。该寺也因此被称为“蓝色清真寺”。

□圣·索菲亚大教堂 圣·索菲亚大教堂是东罗马帝国时代的建筑。它的主建筑有巨大的圆顶，用10根大理石支撑。大理石柱衬着金叶装饰，巍峨壮观。大厅高56米，长77米，宽71米，通体用白色大理石建成，极为华美。

□托普卡帕宫 托普卡帕宫建于1459年，是一座奥斯曼风格的建筑，前后共有25位苏丹国王居住过此宫。整座宫有7座大门，已改为博物馆，收藏着土耳其历史上许多罕见的文物和文献及琳琅满目的珠宝玉器。还有苏丹的王冠、镶有1000多颗各色宝石的御座和镶嵌着6666颗金刚石、高度过人的金蜡烛等稀世珍物。这里还藏有来自中国的各类瓷器10，000多件，唐、宋、元、明、清时代所产应有尽有。

安格尔的《土耳其浴》因去过伊斯坦堡的法国和意大利画家的渲染，对土耳其妇女身体之美尤加赞赏，激发了安格尔的灵感，绘制“土耳其浴”(1862)。玛丽蒙太戈夫人说澡堂于女人正如咖啡馆于男人，皆为社交场所。

土耳其城市埃迪尔内的塞利米耶清真寺(锡南设计，1569～1574年)

拜占庭皇帝诏书作为金诏发布，诏书用一枚金圆牌封起来。金圆牌的一面是基督像——这枚上面是基督和圣母像——另一面是皇帝像。

伟大的蒙古族首领铁木儿(约1336年～1405年)

土耳其伊斯坦布尔的苏里曼清真寺

苏莱曼大帝，这位有影响的苏丹无论是作为征服者、政治家、立法者，还是作为艺术的赞助人和保护者，表现都非常出色。这一时期是奥斯曼帝国的黄金时代。

奥斯曼土耳其人在君士坦丁堡城外安营扎寨，准备围攻拜占庭首都。这幅15世纪的法国油画将该城描绘成一座哥特式筑垒城市。画面前部画的是土耳其士兵在陆地城墙上操演大炮，上边和左边画面上的其他人则在把船拖上陆地，以便进入金角湾。

苏莱曼一世

Süleyman I(1491～1566 匈牙利锡盖特堡附近)，奥斯曼帝国苏丹(1520～1566)。在军事征战中扩展疆土，而且指导着被视为最有特征的奥斯曼文明在法学、文学、艺术和建筑学中取得巨大成就。苏丹谢里姆一世之子。1520年9月继承父位。登基后立即开始对中欧和地中海地区基督教国家的战争；1521年攻占贝尔格莱德，1522年占领罗得岛，1524年8月在莫哈奇战役大败匈牙利军队。1529年苏莱曼想要毛底排除哈布斯堡王朝的干扰，遂率兵前去围攻维也纳。在苏莱曼丹统治下，奥斯曼人有了强大的海军。1538年赫伊尔丁在希腊的普雷韦扎海战中打败了威尼斯与西班牙的联合舰队。1560年全歼进攻的黎波里的西班牙远征军。首都伊斯坦布尔修建了几座著名的清真寺。苏莱曼将前拜占廷城市君士坦丁堡改变为伟大的土耳其伊斯兰帝国中心伊斯坦布尔。

内姆鲁特山的石雕

生育女神像

内姆鲁特·达基遗址

内姆鲁特·达基石灰岩山岭海拔2150米处，建有科马格尼国王安蒂奥科斯一世的50米高的祭祀地和墓地，有巨型人物像、宗教仪式列队之路、有阶梯圣坛、有最大的雕像、有戴着波斯国王头饰和王冠的大胡子宙斯、有头上顶着一个水果篮的科马格尼的土地女神。其属土耳其，陶鲁斯东南部，在阿迪亚曼的东北，在古希腊文化时期小亚细亚最有抱负的建筑之一，是古希腊文化与波斯文化融合的见证。公元前163年，在塞琉西王朝衰亡后，科马格尼王国独立。公元前69～前38年，安蒂奥科斯一世。72年科马格尼王国衰亡，成为罗马西里亚省的一部分。1882年卡尔·胡曼记录下祭祀地。

□内姆鲁特山考古遗址

内姆鲁特山考古遗址位于土耳其东南部的阿德亚曼省，在首都安卡拉东南约560千米处。是康麦戈尼王国安提奥科斯一世建的巨大坟墓。

□建筑特色 坟墓建在山顶，外部构造已被确认，但通往地下的墓道至今仍没有找到。外部有一座高50米、直径150米的圆锥形山，用碎石块建成。山顶下部的北、东、西3个方向各有一座高台。其中北侧的高台上有一道长80米、两端有鹫形雕刻的墙。东侧高台上有用碎石堆成的5座石像，西侧高台上也有和东侧高台一样的5座石像，石像前都有供奉祭品的地方。这里最著名的是一块被称为“国王星相占卜”的石板。石板4米见方，雕刻有狮子和19颗行星。狮子脖子上垂下弯月，背上的3颗星分别代表水星、火星和木星，表示公元前61年7月7日这一天，这3颗行星在狮子座附近排列成一条直线。

内姆鲁特山的石雕

内姆鲁特山考古遗址的岩石雕刻(前1250～前1200年)

拜占庭时期土耳其马赛克镶嵌艺术

□特罗多斯地区的彩绘教堂

特罗多斯地区的彩绘教堂位于塞浦路斯西南部的特罗多斯山中。建于拜占廷时代。教堂内保存着拜占廷时期大量的艺术珍品——精美的彩绘壁画。其绘制严格按照神学规范，分为垂直方向和水平方向两种。在垂直方向上，描绘的是耶稣、大天使、十二先知和使徒及《圣经》中的场面；在水平方向上，绘有耶稣和天上的圣母玛利亚、地上的诸位圣人。

□圣尼科拉奥斯教堂壁画 圣尼科拉奥斯教堂建于公元11世纪初，教堂里的彩绘壁画作于不同时代，风格各异。

特罗多斯山脉中着色的教堂地点：特罗多斯山脉、尼科西亚地区的西南面。是拜占庭和后拜占庭壁画绘画艺术最重要的中心之一。

帕那基亚·福尔费奥提萨教堂壁画

帕那基亚·福尔费奥提萨教堂内部面积极小，但墙面上绘满了彩绘壁画，展示了耶稣降生时牧羊人挤奶及康斯坦丁一世的母亲如何看到神圣十字架的故事。绘画场面宏大，人物形象生动，是拜占廷艺术的杰作。

教堂内的壁画

帕福斯考古遗址

位于塞浦路斯西南部，在首都尼科西亚西南约100千米处。新石器时代，这里就有人居住。帕福斯考古遗址内，现存的主要建筑有建于公元1世纪初的大教堂、剧场遗址等遗址。(图为帕福斯考古遗址)

□梅尔夫国家历史文化

梅尔夫国家历史与文化公园位于梅尔夫城。建于12世纪，公园中的大部分建筑都是土库曼斯帝国时建造的。梅尔夫是中亚地区丝绸之路沿线最古老、保存最完整的绿洲城市。这片宽阔的绿洲横跨了4000年的人类历史，有许多纪念性的建筑。

□桑加尔苏丹陵墓 桑加尔苏丹陵墓有着800多年的历史。在古代，人们可以从很远的地方看到这座高达3.66米的砖制圆顶陵墓。现在陵墓的圆顶虽已经遭到破坏，却仍然耸立在这片宽阔的绿洲。

□克兹卡拉要塞 克兹卡拉要塞建于公元7世纪，是梅尔夫绿洲城重要的防御建筑。其建筑风格对中亚和伊朗产生的巨大影响长达4个世纪。

桑加尔苏丹陵墓建于公元12世纪，是当时这一地区最大的建筑。

□姆茨赫塔的历史地区

姆茨赫塔的历史地区位于格鲁吉亚东部，在首都第比利斯西北约20千米处。公元前4世纪为伊比利亚王国的首都。当时，这座城市在连接波斯与地中海的东西贸易通道中发挥了重要作用，战略地位极为重要。姆茨赫塔主要建筑是斯威提茨赫威利大教堂。“斯威提茨赫威利”意为“活柱子”或“赐予生命”，因教堂中央一根柱子靠祷告而立而得名。

□斯威提茨赫威利大教堂 始建于公元334年。最初是木结构，公元6世纪末扩建为砂岩结构。现存的大教堂建于1010年，经公元17世纪和19世纪两次改建，成今日规模。大教堂中央的圆顶高40米。最大的特色是教堂外壁以没有开口的拱门和色彩艳丽的石灰岩雕刻装饰而成。

位于旧城堡脚下的古老城市第比利斯(建于5~6世纪)

姆茨赫塔的圣茨豪瓦利教堂(中世纪)

(1)巴格拉特大教堂和格拉季修道院

位于格鲁吉亚西部的库塔伊西，在首都西北部约190千米处。奥尼河岸的悬岩上用绿石所建的教堂。城外还有格拉季教堂和修道院，郊外是萨塔普利亚自然保护区，内有石灰岩洞和恐龙蛋。(图为圣玛利亚教堂)

□姆茨赫塔的历史地区

格鲁吉亚

总面积：69 700 平方千米

人口

1 000 000 以上
100 000 以上
50 000 以上
10 000 以上
10 000 以下

海拔

3000米
2000米
1000米
500米
200米
海平面

北

0 50千米
0 50英里

(2)阿帕·苏瓦奈提

位于格鲁吉亚迈斯提亚地区，在首都第比利斯西北约260千米处。阿帕·苏瓦奈提的房屋全是两层建筑。教堂建筑大多饰有浮雕，其中建于公元12世纪的伊普拉利教堂保存较为完好。

亚美尼亚

总面积：29 800平方千米

人口

- 10000 000 以上
- 100 000 以上
- 50 000 以上
- 10 000 以上
- 10 000 以下

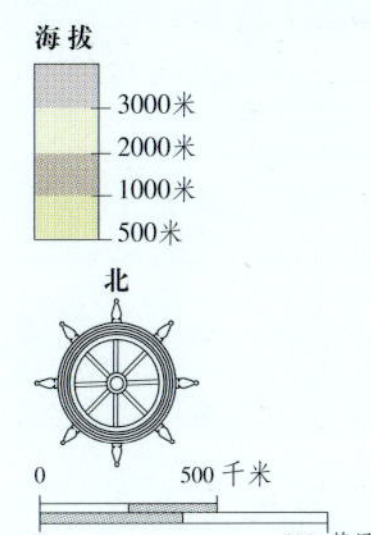

□阿赫帕特的修道院

阿赫帕特的修道院位于亚美尼亚图玛尼昂地区萨纳因修道院附近，在首都埃里温以北约75千米处。始建于公元9世纪。公元970年，统治亚美尼亚的布拉加图尼家族把修道院迁往北方，更名为“阿赫帕特的圣十字修道院”。在北方，阿赫帕特修道院历经磨难。先是遭受北方地区多次大地震，后在公元12世纪至13世纪中叶，先后遭到塞尔柱王朝、蒙古大军的进攻和破坏。以后几个世纪来，修道院经过多次修复，得以保存并逐步扩大了规模。阿赫帕特修道院主要有圣十字架大教堂、玄关廊、图书馆、钟楼等建筑。

□玄关廊 玄关廊是公元13世纪增建的，相当于进入教堂的等候室，是举行集会和葬礼的地方。集会室通过一个穹隆通道与主教堂相连。四壁装饰有耶稣像、扩建教堂时信徒的画像、三角形壁龛、浅浮雕作品等。

□图书馆 图书馆呈四方形，建于公元13世纪，与主教堂相通。

□钟楼 建于1245年，装饰独特。

埃奇米亚津主教堂的十字架浮雕

圣十字架大教堂

大教堂建于公元10世纪，是当时典型的基督教教堂建筑。基本上是拜占廷建筑风格。教堂最具特色的是中央大圆顶，由四根立柱支撑天棚，相连的圆顶将天棚分成9块，中央的大圆顶最高，光线可以直射进教堂。圣十字架大教堂是“阿赫帕特的圣十字架修道院”名称的来源。

亚美尼亚阿格塔马岛上的圣十字教堂(10世纪)

希瓦蜿蜒的土城墙保存完好

(1)希瓦的伊斯罕·卡拉建筑

位于乌兹别克斯坦西部的花拉子模州，在首都塔什干以西约750千米处。希瓦的伊斯罕·卡拉是由高10米的城墙围成的内城。(图为城墙环绕的伊斯罕·卡拉古城)

(2)布哈拉

位于乌兹别克斯坦西南部的布哈拉州，在首都塔什干西南约450千米处。约建于公元前2～前1世纪。公元18世纪成为曼吉特王朝的首都。至今城内仍有各个王朝修建的宫殿、清真寺等建筑，使布哈拉享有"博物馆城"的盛誉。(图为布哈拉最古老的艺术博物馆)

乌兹别克斯坦

总面积：447 400 平方千米

人口

- 1 000 000 以上
- 100 000 以上
- 50 000 以上
- 10 000 以上

海拔

3000米
2000米
1000米
500米
200米
海平面

北

0 100千米

0 100英里

□撒马尔罕文化中心

□撒马尔罕文化中心

撒马尔罕文化中心位于乌兹别克斯坦泽拉夫尚河畔，在首都塔什干270千米处。罕在中亚语中意为“城市”。该城在公元前4世纪即有记载，名为马拉土坎达，为粟特首都。中国《史记》称“康居”，《新唐书》称康国，为丝绸之路所经的名城。公元712年阿拉伯人入侵后，伊斯兰文化传入。11世纪筑城墙，街道从市中心向6座城门辐射。帖木儿在此建都时，曾将街道扩建为有顶棚的宽敞大街。1868年并入俄罗斯帝国。城墙和城门被毁。

□古城建筑 市内有14～17世纪的许多著名的古建筑，包括清真寺、陵墓等，其中以帖木儿帝国

帖木儿及其后嗣的陵墓

帖木儿塑像

撒马尔罕的伊斯兰里吉斯塔姆公共广场及清真寺内的一座高塔

伊斯罕雕塑艺术

帖木儿帝国

14世纪后半叶，帖木儿帝国崛起于中亚，帖木儿利用中亚突厥游牧部落组成强大的骑兵部队，对衰落的邻近各国进行一系列侵略，给周边地区造成很大的破坏。帖木儿死后，给他的子孙各留下一块封邑，随后，他的后裔立即展开了争权夺位的血战，帝国因此四分五裂。与此同时，奥斯曼土耳其人、贾拉尔人、土库曼人在西部开始了恢复失地的斗争，结果，西部地区落入了土库曼王朝手中：黑羊王朝(1378～1468)，据有亚美尼亚的阿塞拜疆。帖木儿后裔的控制区只限于河中、阿富汗斯坦和伊朗东部。15世纪中叶，术赤子昔班的后裔率领乌兹别克游牧部落在中亚草原兴起，1500年攻占布哈拉和撒马尔罕，建立乌兹别克汗国，帖木儿帝国灭亡。帖木儿的后裔巴布尔以费尔干纳为根据地力图复辟，失败后南据喀布尔，后进入印度，建立了莫卧儿帝国(1526～1857)。

14～15世纪波斯绘画。一位波斯王子和他的中国王后坐在他们的宫苑里，在繁茂的花草树木中，象征着感官和精神的快乐。

此图绘于15世纪。图中的帖木儿骑在一匹浑身披甲的战马上，悬挂着蒙古弓和弯刀——察合台士兵从孩提时便开始训练使用的武器。

帖木儿去世

1405年帖木儿在远征途中去世，享年69岁。此前，他已先后击败安纳托利亚、土耳其、波斯、阿拉伯、马木留克和蒙古。他的帝国从鞑靼一直延伸到印度。帖木儿信仰伊斯兰教，讲突厥语。但他的智力让著名学者伊本·哈尔敦十分震惊：一位比成吉思汗有过之而无不及的谋略家；残暴粗野，但对哲学和象棋又十分感兴趣。据说，帖木儿是在亚洲某地“因不慎饮了冰水”感冒而死。

帖木儿正坐在凉亭中接过自己的幼子沙赫鲁

时代建造的宫殿陵寝最为壮丽。帖木儿及其后嗣的陵墓，建有五颜六色的宏伟穹顶，还有帖木儿为悼念其王后所建的比比·哈努姆修道院。兀鲁伯经院、季里雅·卡利经院和饰以尖塔的希尔·多尔经院为伊斯兰建筑，气势恢宏。兀鲁伯经院有用各色彩陶装饰的正门和彩色的穹顶。城市东北郊是著名的兀鲁伯天文台遗址，建于1928年。现建有兀鲁伯天文台博物馆。

布哈拉卡梁清真寺内的一座高塔

一只雕花木箱，展示了15世纪初期帖木儿帝国精湛的手工艺制作水平。

阿尔卡禁城是古代汗王宫，已有3000年的历史，有170多座中世纪以来各种风格的伊斯兰建筑。

巴基斯坦

总面积：770 880 平方千米

人口
- ▣ 5 000 000 以上
- ◻ 1 000 000 以上
- ◉ 500 000 以上
- ◎ 100 000 以上
- ⊙ 50 000 以上
- ● 10 000 以上

(1)塔赫特·巴希佛教遗址

位于巴基斯坦北部的西北边境省，在首都伊斯兰堡西北约150千米处。地处古"丝绸之路"的交通要道。起源于公元1世纪。在公元1～5世纪，这里是繁荣的佛教圣地。

(2)罗赫达斯要塞

位于巴基斯坦北部。始建于1541年。当时谢尔·沙·苏瑞被莫卧儿帝国的皇帝打败后，建筑了这座要塞。要塞的主体由4000多米长的城墙组成，非常坚固。(图为罗赫达斯要塞的城墙)

(4)塔克西拉考古遗址

位于巴基斯坦首都伊斯兰堡以西20多千米处。地处古丝绸之路上，是一座建于2500年前的古城。塔克西拉保存着许多古老的佛教建筑和雕刻作品，还有少量的军事工事。

(5)拉合尔古堡和夏利玛尔花园

位于巴基斯坦东部的旁遮普省。始建于公元1世纪末到2世纪初。1525～1707年是莫卧儿王朝的都城。它们是莫卧儿风格建筑艺术的典范。(图为夏利玛尔花园内的水池)

□摩亨朱达罗考古遗址

(3)特达的历史保护区

位于巴基斯坦信德省，印度河畔。公元14～18世纪期间，特达是中亚贸易、艺术和手工业的中心。(图为特达历史保护区内的石造建筑)

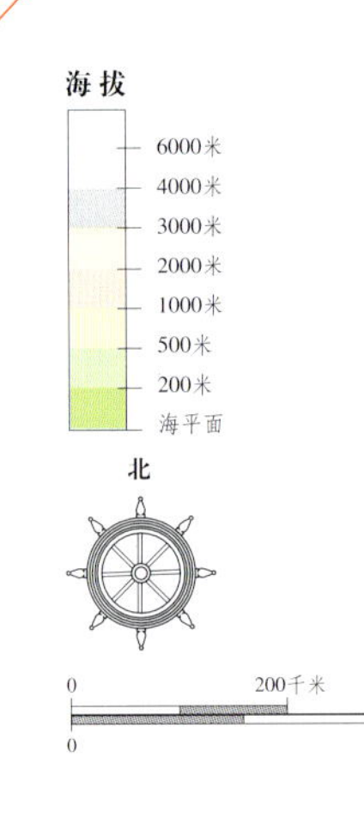

摩亨朱达罗考古遗址

□摩亨朱达罗考古遗址

位于巴基斯坦南部的信德省拉尔卡纳县。约出现在公元前2500年，是当时规模较大的城市，是印度河流域文明的代表。

□城市布局 整座城市占地约8平方千米，分为上城和下城。一条宽阔的大马路自北向南纵贯全市区，且每隔几米就有一条东西向的小街与之相交。此外，还有小巷与小街相连。这些街道将市区分割成大大小小的街区。

□上城 建在一座9米高的椭圆形人造平台上。主要建筑为政府机关、城市首领及宗教祭司的寓所、高塔、带回廊的庭园和有柱子的大厅，周围还建有防御工事。最著名的建筑是“摩亨朱达罗大浴池”，面积1063平方米。全部采用烧砖砌成。砌工精细，砖间砌缝十分严密。

□下城 为平民、商人、手工业者的居住区。房屋和店铺一直排列到1600米外的印度河畔。房屋是用烧制的砖块建成的，砌砖的精细程度达到最高水准。房屋正门对着宽敞的门厅和院落，采光、通风十分良好。全城建有十分完备的供水和排污系统，在当时是最先进的。

摩亨朱达罗

摩亨朱达罗其名意为“死亡之丘”。1922年首次确认其考古价值，随后的发掘发现这是印度河流域文明最大的城市遗迹。摩亨约－达罗城现距印度河3千米，布局极为整齐，城中分十几个街区，每个街区南北长384米，东西宽228米，其间穿有直巷或曲巷。最高处建筑有回廊水池、大型住宅构架、谷仓和至少两处集会场所。此城堡乃是作为举行宗教活动及仪式之用。城中较低部分为庭院，住宅多有小浴室，并有排水设施。未发现有建筑装饰，石雕亦罕见，有迹象表明摩亨约－达罗曾不止一次遭洪水破坏。

摩亨朱达罗考古遗址局部

在摩亨朱达罗的遗迹中发现了数千个6平方厘米左右大的印章，上面刻有动物图案和尚未解析清楚的记号。

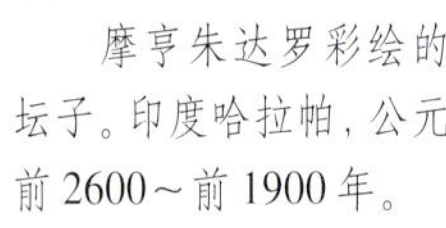

摩亨朱达罗彩绘的坛子。印度哈拉帕，公元前2600～前1900年。

摩亨朱达罗考古遗址的摩亨朱达罗大浴池

(1)**阿努拉德普勒圣城**

位于斯里兰卡北部的阿鲁维河北岸，在首都科伦坡以北约205千米处。始建于公元前4～前3世纪。这里佛塔如林，庙宇金顶蔽日，成为东南亚地区的佛教中心。阿努拉德普勒圣城的主要建筑有宫殿、佛教建筑、水库遗址等。(图为阿努拉德普勒圣城的睡佛雕像细部)

斯里兰卡

总面积：64 740 平方千米

人口

- ◉ 500 000 以上
- ◎ 100 000 以上
- ⊙ 50 000 以上
- ● 10 000 以上
- ○ 10 000 以下

□波隆纳鲁沃古城

□丹布勒金寺

□锡吉里耶古城

□康提圣城

(2)**辛哈拉加森林保护区**

位于斯里兰卡南方省。面积60平方千米。有生物宝库之美誉。这里有植物种类达500种，其中包括140种爬蔓类植物，50种以上的兰科植物。哺乳类动物半数以上是特有品种。(图为斯里兰卡风光)

(3)**加勒古城及城堡**

位于斯里兰卡南方省，在首都科伦坡以南约100千米处。加勒是一座港口城市，三面临海。1640年这里修筑了城墙，建了14座石砌的坚固的堡垒。现存的著名建筑有基督教堂和排水设施。(图为加勒古城海岸)

海拔

2000米
1000米
500米
200米
海平面

北

0 50千米

0 50英里

□锡吉里耶古城

锡吉里耶古城位于斯里兰卡中央省，在首都科伦坡东北约160千米处。建在锡吉里耶山峰上。这座山峰由整块巨大的花岗岩构成，海拔349米。公元478年，达都舍那国王迦叶波杀父篡位，因惧怕弟弟找他复仇而来到锡吉里耶山上兴建王宫，作为自己的帝都。但是，18年后，他还是死于与弟弟的战斗中。这座王宫从此荒废。锡吉里耶古城的主要建筑遗址是王宫和城堡。

□王宫 王宫建在锡吉里耶山峰上的一座约1.2万平方千米的平台上。宫中有各式宫殿、庭院、池塘和御花园。最为神奇的是清凉殿，地板下有清泉流过，夏日住进去凉爽无比。王宫中的几百幅壁画，现仅存有20余幅。其中迦叶波一世的嫔妃与仙女，头戴宝冠，身披缨络，下身在迷蒙云气中，上身裸露，似飞天散花的舞蹈姿势，形态绝美，是壁画中的珍品。通往王宫的阶梯建在悬崖峭壁上。阶梯的一侧有一面两米多高的石壁，上面刻有685首题诗。历经1000多年，字迹依然清晰可辨，是至今保存的最古老的僧伽罗文(今斯里兰卡的官方语言)的文字作品。

锡吉里耶古城遗址

王宫中原有几百幅壁画，至今保留有20余幅。壁画中迦叶波一世的嫔妃与仙女，面容秀美、仪态婀娜，是斯里兰卡古代艺术的珍品。

从山脚到达这座王宫，必须经过建在悬崖峭壁上的走廊和阶梯。在山腰，有一只巨大的砌坐狮山。锡吉里耶山脚下有两座城堡。墙外有宽阔的护城河，城堡内有长街、喷泉、小溪、池塘、亭阁、平台等，整个城堡事实上是一座巨大的王家花园。

锡吉里耶古城堡

城堡坐落在锡吉里耶山脚下，共有两座。其中一座像一个巨大的王家花园，三面围着8米高的围墙，墙外有宽阔的护城河。城堡内有长街、喷泉、小溪、池塘、亭阁等，这也是亚洲现存的最古老的风景园林。另一座城堡现已变为废墟，被原始森林湮没。

波隆纳鲁沃的石雕佛像

太阳鸟

太阳鸟属雀形目太阳鸟科，世界共有14种，分布于亚洲南部、菲律宾群岛和印度尼西亚。中国有6种。黄腰太阳鸟是该属的常见种。雄鸟：额和头顶前部绿色带金属光泽，头顶后部和枕部橄榄褐色；背部红色，下背及腰部亮黄色；尾上覆羽和中央羽与额部同色；颏、喉及胸呈鲜朱红色，远较背部红色鲜亮；下体余部淡灰黄带绿色。性活泼，单个、成对或成小群在次生阔叶林或开花的乔木、灌木上活动；成群觅食时，常互相唤叫。飞行能力强，主要以花蜜为食，也吃花蕊、蜘蛛、膜翅目昆虫、蚁类、双翅目昆虫、寄生蜂、虻类以及种籽等。

□波隆纳鲁沃古城

波隆纳鲁沃古城位于斯里兰卡东北部，距阿努拉德普勒101千米。从公元4世纪起，当外敌入侵阿努拉德普勒时，波隆纳鲁沃便成为行都。公元11世纪，因阿努拉德普勒逐步衰落，波隆纳鲁沃便取而代之，成为斯里兰卡王国的首都和最重要的宗教、政治中心。公元13世纪后期～14世纪，由于泰米尔人的入侵而逐渐荒废。公元20世纪初，这里开始建成现代化的城市。波隆纳鲁沃古城保留下来的古迹，大部分是公元12世纪前后所建。主要有大型人工湖波罗迦罗摩海、波罗迦罗摩巴忽王宫遗址、睹波罗摩舍利塔、祇陀林寺等。

□波罗迦罗摩海 波罗迦罗摩海是巨大的人工湖。建于公元12世纪。面积24平方千米。堤岸长13千米、高12米。主城区就分布在波罗迦罗摩海两岸。有一座巨大的石像，建于公元12世纪。

□波罗迦罗摩巴忽王宫遗址 波罗迦罗摩巴忽王宫遗址坐落在人工湖东岸。王宫呈长方形，宫中大殿长30米，宽12.6米。据传原来有7层，现在只剩两层。宫中还有皇家楼阁等多种建筑。

□睹波罗摩舍利塔 睹波罗摩舍利塔建筑规模宏大，装饰精美，墙壁刻满了浮雕，台阶上雕有守护神。塔内有著名的“石书”，长8米，宽1.8米，刻有古代铭文。

□祇陀林寺 祇陀林寺最著名的是蒂梵伽佛殿中保存的公元13世纪的彩绘壁画，内容主要是表现佛经故事。画中人物服饰精美，神态各异。这些壁画是斯里兰卡绘画艺术中最重要的历史遗产。

(上、下图为)波隆纳鲁沃的石雕佛像

□康提圣城

康提圣城位于斯里兰卡中央省，在首都科伦坡东北120千米处。约建于公元前5世纪，1480年开始成为康提王国的首府。因传说佛祖释迦牟尼也曾三次到这里传教而成为著名的佛教圣地。康提现在是斯里兰卡第二大城市。康提现存的古迹主要有康提湖和佛牙寺。

□康提湖 康提湖建于1806年，是最后一个康提王维克勒马·拉贾辛哈开凿的。呈四边形。湖水清澈，树影婆娑，是少见的人间美景。它的四周坐落着大量宗教建筑，更显出湖的幽静和典雅。

□佛牙塔 佛牙塔建于公元15世纪，18世纪得到重建。整个寺院建在高约6米的台基上，四周有护寺河。寺内主要建筑有大殿、鼓殿、尖塔、长厅、大宝库、诵经厅等。大殿装饰豪华，石雕、木雕、象牙雕、金银饰、铜饰、铸铁饰、赤陶等各种装饰应有尽有。墙壁、梁柱、天花板上布满了彩绘，如同一个艺术博物馆。大殿左侧是暗室，供奉着斯里兰卡的国宝——佛牙。据说佛牙只流传两颗，另一颗珍藏在中国北京西山八大处的佛牙塔内。

康提圣城佛牙塔

(上图为)康提圣城现存的古迹。(下图为)佛祖释迦牟尼也曾三次到这里传教而成为著名的佛教圣地

安居乐业的康提圣城的乡间景色

(上图为)康提圣城。(下图为)树影婆娑，是少见的人间美景。

□辛哈拉加森林保护区

辛哈拉加森林保护区位于斯里兰卡南方省。面积60平方千米。森林地形呈条带状，辛哈拉加森林保护区，是斯里兰卡岛上的一片原始森林。这里哺乳动物种类多样，保护区繁茂的森林里，有许多清澈的溪流，溪流中的鱼类占斯里兰卡淡水鱼的1/5左右。最宽处6.5千米，最窄处只有800米。有生物宝库之美誉。这里有植物种类达500种，其中包括140种爬蔓类植物，50种以上的兰科植物。鸟类有锡兰画眉鸟、太阳鸟、双角犀鸟、宽口三宝鸟等。哺乳类动物半数以上是特有品种，主要有紫面长尾猴、长鼻猴、兰卡象、猴斯里兰卡豹等。鱼类有亚洲鳢鱼，它能从空气中吸取氧气。

兰

兰科是植物中最大的一科。绝大多数的兰(大约80%)都原产于热带或亚热带地区，而它们之中大部分都长在树上(附生性)，只有少数是长在岩石上(岩生性)。生长在树上的兰并不是从树木身上获取养分，新几内亚生长种类繁多的石斛兰属与豆兰属兰花，东北亚的温带地区所产兰的品种有拖鞋兰属、红兰属、鹅毛玉凤兰属、缀草属与眉兰属。

罗兰

鹿子百合

翠鸟

辛哈拉加雨林

数百万年前曾遍布世界各地，而现在，世界上只有不多的地方可以见到的鳄鱼，古生物代大部分生长在美国东南部和亚洲中国。两种鳄之间的差别是很微小的。目前，短吻鳄栖息地日益缩小，而另外某些种鳄鱼却得益于人类的拯救而幸存下来。短吻鳄吃鹿、负鼠和鱼。

鳄鱼从蛋壳诞生

眉兰

靴兰

兰科靴兰属约50余种的多年生草本植物，一般认为它是现存兰花的先驱品种。花朵有一个膨大的花囊，当蜜蜂飞入花囊后，只能由基部的缺口出来，如此一来，可帮助把花粉送到柱头上，完成授粉的工作。

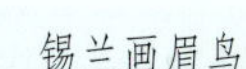

锡兰画眉鸟

太阳鸟

双角犀鸟

负子蟾

长鼻猴

斯里兰卡猎豹的行为

猎豹是成对地，以小型的家族群聚方式生活，由最强壮的雄豹来领导。只要短暂的冲刺，猎豹就可以加速至每小时100千米的速度。它的速度与猎食的方式有相关性。同其他猫科动物一样，它们捕食的第一步是紧贴于地面接近猎物，然后，从较远的距离就开始猛冲，而且超越它们的猎物，用前爪将猎物击倒后，再咬其颈背或喉咙，最后再撕裂猎物。

斯里兰卡猎豹

非洲水雉

大白鹭

小雨蛙正在求偶

蜂鸟吸食花蜜时仍在飞

萱草指百合科萱草属的植物。原产亚地区。另一种黄花萱草则呈明净的柠檬色，故又称“柠檬百合”。具有花香的黄花萱草较萱草更为纤弱。不过上述两种皆颇耐寒。

辛哈拉加森林保护区的兰卡象

猫头鹰栖息在大森林里。在猫头鹰生儿育女的日子里，松貂将成为它较大的威胁。

孔雀栖息于印度和斯里兰卡地区，体长2.2米。雌孔雀羽毛的颜色主要为棕色和白色，它的尾巴秃短。雄孔雀却长着一副艳丽的蓝色身躯，在尾巴上最多能有160根特别长的羽毛，当雄鸟向雌鸟求爱时，它就展开这些羽毛形成巨大的扇形，然后摇动并使它沙沙作响。

蓝凤冠鸠可以长到火鸟一般大小。

蓝凤冠鸠，栖息于斯里兰卡，地新几内亚地区，体长约80厘米，是世界上最大的一种鸽子。

辛哈拉加森林
保护区内的植被

绿咬鹃 体长80厘米。雄绿咬鹃的腹部为红色的，背部和头部为绿色，栖息在山区森林中，吃水果。在树洞里筑巢。

杜鹃栖息于亚洲南部，体长35厘米。把卵产在其他鸟的巢穴中。有130余种，蕉鹃是杜鹃的亲缘，它们栖息在森林里。

紫面长尾猴

□丹布勒金寺

丹布勒金寺位于斯里兰卡中央省，在首都科伦坡东北135千米处。约建于2000年前。它处在丹布勒山的半山腰。寺院里有5座石窟，这些石窟最初只是用于修行。后来，一些石窟开始供奉佛像，石窟中安放着160多尊金光闪闪的佛像和神像。还有些装饰了壁画，成为礼拜堂。

□**1号窟**　1号窟供奉了一尊很大的佛像。佛像的脚边立着弟子阿难陀，枕边立着毗湿奴神。

□**2号窟**　2号窟规模宏大，里面珍藏了61尊雕像。石窟顶部的壁画按时间顺序描绘了佛祖一生的事迹。这里相当于正殿，教徒们在这里朝拜佛像，研习教义。

□**3号窟**　3号石窟内的佛祖坐像是利用天然岩石雕成的。同时，这里还有一尊建造这座石窟的国王的雕像。

□**4号窟**　4号石窟内有一座小佛塔，曾放置过一块价值连城的宝石。

□**5号窟**　5号石窟以制作精美的雕像和壁画闻名，吸引了斯里兰卡各地的雕刻师、画师。

丹布勒金寺

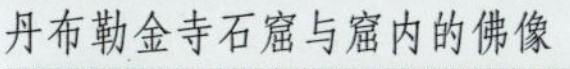
丹布勒金寺石窟与窟内的佛像

丹布勒金寺装饰壁画

丹布勒金寺的金佛像

美丽的马尔代夫

□马尔代夫珊瑚岛国

马尔代夫是印度洋上的群岛国家，南北长约800千米，东西宽约130千米，位于印度南部约600千米、斯里兰卡西南部约670千米处。由20组环礁、1,200多个珊瑚岛组成，分布在约90,000平方千米的海域内，其中202个岛屿有人居住。

马尔代夫群岛是由两个小珊瑚礁组成的群岛，群岛上有20组环礁，其中14个深海环礁适合泊船。群岛地势较低，平均在海拔1.5～1.8米，大部分岛屿灌木丛生，首都马累岛只有3.9千米。

马尔代夫群岛是世界最大的珊瑚岛国，印度洋中狭长的海底高原——查尔斯－拉克代夫高原中段露出水面部分。南北纵列形成一条相当长的岛屿锁链。岛屿东西狭窄而南北延长，最大的岛屿冈岛面积不到14平方千米。

马尔代夫岛屿一般是边缘较高，内部很多是低洼的沼泽。主要旅游名胜地区景色十分美丽。如古伦巴岛、胡鲁列岛、库拉玛锡岛和维林格里岛等。旅游特产有椰子干、各种海洋鱼干、草席编织、漆器及海洋多种贝壳工艺品等。

马尔代夫群岛是世界最大的珊瑚岛国，印度洋中狭长的海底高原——查尔斯－拉克代夫高原中段露出水面部分。首都马累岛只有3.9平方千米。

马尔代夫

总面积：298平方千米

人口

● 10 000 以上

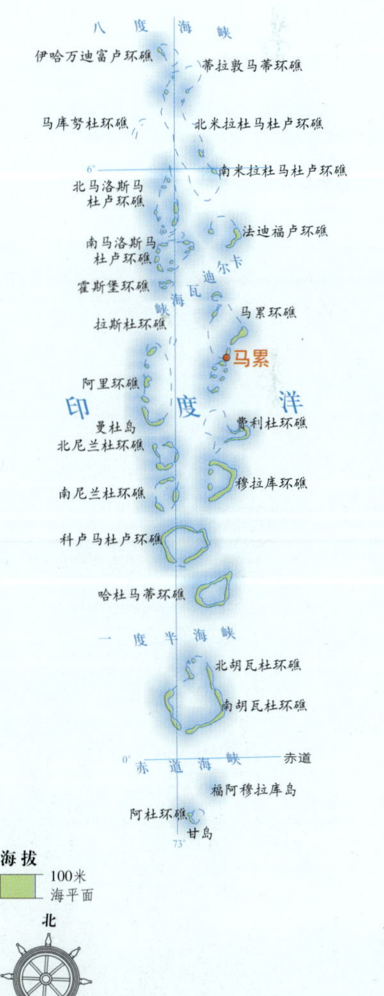

马尔代夫共和国历史

公元前5世纪时雅利安人来此定居。公元1116年，建立苏丹国。前后经历了6个王朝，近400年来，先后被葡萄牙和荷兰殖民主义者侵略和统治。1887年，沦为英国的保护国。1932年，改行君主立宪制。1952年，成为英联邦内的共和国。1954年，恢复君主立宪制。1965年，宣布独立。1968年，建立共和国，实行总统制。1998年，加尧姆第5次当选总统。2003年，加尧姆第6次当选总统，赴卡塔尔出席伊斯兰国家首脑会议。

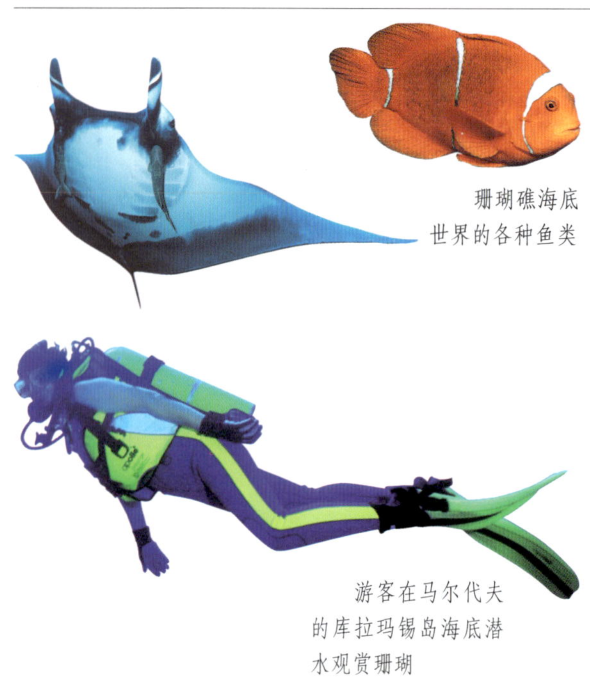

珊瑚礁海底世界的各种鱼类

游客在马尔代夫的库拉玛锡岛海底潜水观赏珊瑚

首都马累附近的一个岛被改建成了机场，是外国游客出入马尔代夫的主要通道。中国主要城市和马累之间是没有直航的，马尔代夫岛屿一般是边缘较高，内部很多是低洼的沼泽。旅游主要名胜天然胜景十分美丽。

马尔代夫旅游特产有椰子干、各种海洋鱼干、草席编织、漆器及海洋多种贝壳工艺品等。马尔代夫盛产金枪鱼、龙虾、海参、鲣鱼、鲛鱼、石斑鱼、鲨鱼、海龟和玳瑁等。

岛上旅游资源丰富，服务周到。

近海鱼类刺蝶鱼

玳瑁

马尔代夫地理边缘较高，内部很多是低洼的沼泽。属热带季风性气候，一年有两个季风期，5～10月为夏季西南季风气候，潮湿；1～4月为冬季东北季风气候，较干燥。6～8月为雨季，时有狂风暴雨。

上图为库拉玛锡岛风格特色的别墅，下图为库拉玛锡岛美丽宁静的海滩。

下图为库拉玛锡岛上的酒吧及热带木制的风格建筑，具有印度洋风格的装饰设计。

上图为胡鲁列岛上的晚餐及晚霞。下图为马尔代夫风光。

上图为胡鲁列岛上的马尔代夫式的东方保健服务

印度

总面积：2973 190 平方千米

人口

- ▣ 5000 000 以上
- ▣ 1000 000 以上
- ◉ 500 000 以上
- ◎ 100 000 以上
- ● 10 000 以上

(1)胡马雍陵

位于印度首都新德里的东南郊，为莫卧儿帝国第二代皇帝胡马雍的陵墓。中央墓室处在四座正方形墓室对角线的中央。(图为胡马雍陵正面)

□阿格拉古堡

□泰姬陵

□法塔赫布尔·西格里城

□顾特卜塔

(2)盖奥拉德奥国家公园

位于印度西北部的拉贾斯坦邦。(图为盖奥拉德奥国家公园内的越冬候鸟与火烈鸟)

□桑吉佛教古迹

□阿旃陀石窟

(3)埃罗拉石窟群

位于印度马哈拉施特拉邦奥加巴德市约30千米的埃罗拉村附近，沿萨雅迪利山脊雕凿而成。集印度三教艺术之大成。(图为印度马哈拉施特拉邦埃洛拉洞穴的凯拉萨纳塔庙)

□象岛石窟

(4)帕塔达卡尔的石雕群

位于印度南部的卡纳塔克邦。建于南印度遮娄其王朝的宗教鼎盛时期，对印度东部和北部的寺院建筑有巨大影响。共有8座寺院，最著名的是毗鲁帕克舍寺。(图为帕塔达卡尔的石雕建筑)

(5)果阿的教堂和修道院

位于印度西南部的果阿邦。果阿曾经很繁荣，建有60多座巴洛克式的教堂，现存10多座。果阿的修道院主要有圣卡杰坦修道院、圣弗朗西斯修道院等。(图为圣弗朗西斯教堂)

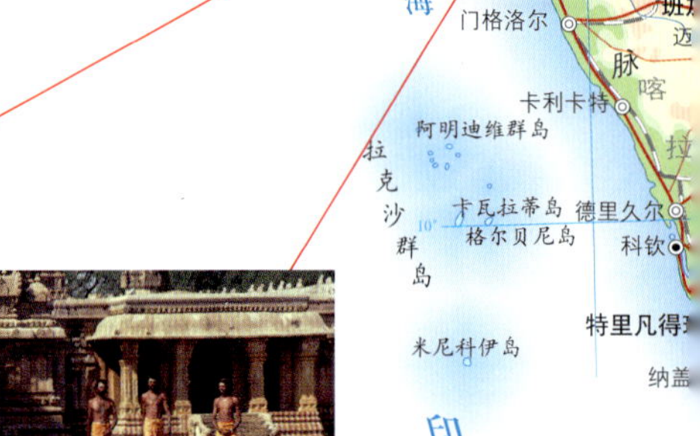

(6)哈姆皮的神庙区

位于印度南部的卡纳塔克邦。主要是寺庙建筑。遗址中最主要的古迹有罗摩旃陀罗寺庙和毗陀罗神庙。(图为哈姆皮的罗摩旃陀罗寺庙)

□楠达德维山国家公园

位于印度北方邦，在首都新德里东北约330千米处。(图为楠达德维山国家公园内的雪豹)

(7)马纳斯野生动植物保护区

位于印度东北部的阿萨姆邦。(图为马纳斯野生动植物保护区内的长臂猿)

(8)加济兰加国家公园

位于印度东北部的阿萨姆邦。(图为加济兰加国家公园内的水獭)

(9)戈纳勒格的太阳神庙

位于印度东部奥里萨邦加尔各答西南400千米处。始建于1250年，外部是太阳神驾驭马车驰骋天宇的造型。太阳神庙内还安放着3尊由绿泥石雕成的太阳神像。(图为太阳神庙外景及内部的雕像)

□克久拉霍古迹群

(10)默哈布利布勒姆古迹群

位于印度南部泰米尔纳德邦的马德拉斯(现为金奈)。主要由露天雕刻和寺庙组成。(图为默哈布利布勒姆古迹群的露天雕刻)

(11)坦贾武尔的布里哈迪斯瓦拉神庙

位于印度东南部的泰米尔纳德邦。建于公元11世纪初。是用花岗石和砖块建造的。神庙的大门精雕细刻，非常华美。(图为布里哈迪斯瓦拉神庙)

□阿旃陀石窟

阿旃陀石窟位于印度马哈拉施特拉邦北部文迪亚山的悬崖上。是印度古代佛教徒开凿出来的佛殿和僧房。阿旃陀一词源于梵语“阿诺提那”(意为无想)。相传在阿育王时期开凿。持续了将近1000年才完成。阿旃陀共有29座洞窟，其中佛殿25座，僧房4座。佛殿当中有一座圆形佛塔，内藏舍利。壁殿四周建造列柱。僧房陈设十分简单，里面仅有石床、石枕和佛龛。石窟内有壁画和石雕。

□壁画　佛殿内有精美绝伦、震惊世界的壁画杰作。内容描绘了佛祖释迦牟尼的生平故事和当时印度的社会生活、宫廷生活的情景，包括山水、林木、田园、村舍和战争、劳作、狩猎、畜牧、乐舞等各种场面。构图复杂而和谐，人物表情生动。壁画至今依然色彩鲜艳，非常清晰，具有很高的艺术价值。

□石雕　石雕均雕自整块的岩石，极为精致，尤其是第一号石窟内的释迦牟尼雕像，高约3米。佛像的正面、左面、右面三个角度分别表现三种神态——沉思、微笑和庄严凝视。是不可多得的艺术珍品。石窟的拱门和立柱上雕刻的飞天和仙女，刻画细腻精巧，形态优美。

阿旃陀石窟19号洞内的佛塔

印度阿旃驼石窟：佛寺壁画细部(公元六世纪)

印度阿旃驼石窟：佛寺壁画细部(公元六世纪)

位于印度中部的阿旃陀石窟壁画(阿旃陀石窟是印度佛教石窟寺，成于公元前1～公元7世纪，现存29窟，尤以壁画驰名)。

印度阿旃陀石窟壁画中的“未来佛”形象，是德干高原洞窟壁画的典型。

凿岩大厅和藏经堂位于阿旃陀的一个峡谷中

阿育王

阿育王，印度孔雀王朝最后一位重要皇帝(约公元前273～232)，约公元前265～前238在位，他征服东海岸的国家羯陵伽(今奥里萨邦)后，由于见到战争给邻国人民造成极大痛苦，宣布从此不再征伐。他曾派遣使节到远方的宫廷传达“达摩”的启示。他尊重一切教派，允许各教派信徒自由地依照自己的信仰行事。阿育王对佛教的贡献是永世不朽的。他建造过许多印度塔和寺院；镇压过佛教内部的分裂活动；规定佛教徒所应学习的经典。据锡兰的历史记载，传说阿育王曾派自己的子女作为僧尼前往锡兰宣讲佛经。正是在他的赞助之下，佛教随后传至国外。阿育王本人说：“世人都是我的子女，我愿自己的子女能得到今世和来世的一切幸福和快乐，因而我愿世人皆得如斯。”

释迦牟尼雕像

石窟2号洞窟的浮雕柱上的贴金壁画风格

石窟26号洞窟的卧佛雕像头部(上图)　石窟中的壁画描绘的是佛祖和菩萨的事迹(下图)

石窟2号洞窟前厅的壁画(上图)　石窟中的圆顶壁画(下图)

□阿格拉古堡

阿格拉古堡位于印度北方邦，在首都新德里以南约200千米处。1566年，莫卧儿王朝第三世皇帝阿克巴征服了大半个北印度之后，以阿格拉亚穆纳河西岩山上的城堡为国都，并在城堡四周建造了双层红砂石围墙。墙高21米，使整座城堡成为一座坚固的要塞。城堡呈半月形，西、南两边各有一道里门，东面有一座水门。西门叫德里门，南门是阿玛尔·辛格门，是小城仅有的通道。城堡中古建筑近500座，融合了印度和伊斯兰建筑风格。主要的建筑有贾汗季宫殿、觐见宫、枢密宫、八角楼等。

□贾汗季宫殿 贾汗季宫殿是阿克巴皇帝兴建的。宫殿左右对称，上部两端耸立着小塔，墙面用白色大理石装饰，中庭周围是印度古典式的矩形房屋。南、北两座大厅由木质柱梁构成，托架雕刻精美。

□觐见宫 觐见宫是一座大理石建筑，三面敞开，只有后墙。后墙上有精美的格子窗。

□枢密宫 枢密宫是皇帝接见外国使节和国内显贵的地方。用白大理石建成，上面有红色光玉和其他各类宝石镶嵌成的图案。

□八角楼 八角楼是沙贾汗为他的宠后泰姬生日修建的。八角楼有宝石镶嵌的花朵图案，光彩夺目。相传壁上曾有颗大宝石，可以映出泰姬陵的全貌。

阿克巴

阿克巴，印度莫卧儿王朝最伟大的皇帝(1556～1605在位)。他将莫卧儿王朝的势力扩展到印度次大陆的大部分地区。为维护帝国统一，他采取措施赢得了非穆斯林国民对他的忠诚。他从未放弃伊斯兰教信仰，却积极参与其他宗教组织的活动，并劝说印度教徒、袄教徒、基督徒以及穆斯林参加宗教辩论。他本人没有文化，却鼓励、支持学者、诗人、画家和音乐家，把他的宫廷变成了文化中心。1573年，阿克巴征服了古吉拉特，该地港湾众多，控制着印度与西亚的贸易。之后，他向东进兵孟加拉，1576年将孟加拉吞并。此后又先后征服了克什米尔(1586)、信德(1591)和坎大哈(1595)。莫卧儿大军闯至温迪亚山脉南麓，进入了印度半岛的德干地区。

阿格拉古堡内景

阿格拉古堡的战车形庙

阿格拉古堡内外建筑

一个巨人被推入井中，遭到花匠们一阵痛打的情景。此画作于1582年之前阿克巴在位期间，具有典型的印度和波斯风格。

古堡大门

王宫内墙壁上雕刻的精美图案

□泰姬陵

泰姬陵位于印度北方邦，在首都新德里以南约200千米处。泰姬陵全名为“蒙泰吉·玛哈尔”，意思是“被宫廷选中的人”。玛哈尔是莫卧儿王朝沙·贾汗皇帝的宠妃。37岁时因病去世，沙·贾汗为她建筑了泰姬陵。

莫卧儿皇帝沙·贾汗为纪念1631年因难产去世的妻慕塔芝·玛哈尔而建泰姬陵。1632年开工，主体工程约于1643年建成。每天投工2万多。附属建筑物(清真寺、围培和门廊)约于1649年完工。整个工程历时22年，耗资4000万卢比。陵区为长方形。南北长580米，宽305米。中间是边长305米的正方形花园。北区抵亚穆纳河边，著名的陵墓位于其中。北区和中心花园区围以石墙，墙押角耸有八角塔。清真寺和其对称建筑均面向陵墓，由红色西克里沙岩建成，在色调和结构上与洁白的莫克兰大理石砌成的陵墓形成鲜明对比。陵墓建在7米高的大理石台基上，四面各有一个33米高的巨大拱门。寝宫上部为高耸饱满的穹顶，以天空为背景构成优美的轮廓。石基四角各矗立一个3层的尖塔。宫内是八角形大厅，厅内有沙·贾汗和比格姆的衣冠石棺，围以镶嵌宝石的大理屏。下面的地窟存放真棺。蒙泰吉·玛哈尔陵被认为是莫卧儿建筑的最高成就和世界最美的建筑之一。

沙·贾汗。沙·贾汗(1627～1658年在位)执政时莫卧儿宫廷迎来最壮丽的时代。因他保护学艺，宫廷里集中了很多学者和艺术家。并营造了伊斯兰建筑的杰作泰姬陵。

沙·贾汗

沙·贾汗又称胡拉姆亲王(1592～1666)。印度莫卧儿帝国皇帝(1628～1658)泰姬陵建造者。为莫卧儿皇帝贾汗季和的产杰普特公主门玛蒂之第3子。1649年波斯人再度征服坎大哈。1648年，沙·贾汗将首都从阿格拉迁至德里。1657年9月，沙·贾汗卧病。4个儿子(达罗·悉乔、穆拉德·巴克什、沙·舒查和奥朗则布)为继承帝位而展开斗争。奥朗则布获胜，1658年称帝，并把沙·贾汗严密禁闭在阿格拉城堡，直至死亡。

印度作家通常都把沙·贾汗写成穆斯林帝国的理想君主。在宗教问题上，沙·贾汗是比贾汗季或阿克巴更正统的穆斯林，对信奉印度教的臣民比较宽容。

世界七大建筑奇观之一——泰姬陵

与其他统治者不同的是，慕塔芝·玛哈与沙·贾汗被深深的爱结合在一起。同甘共甘，慕塔芝·玛哈将自己的身体和灵魂都献给了丈夫。他们结婚19年，共同经历了一系列的考验，但是永不改变的便是他们之间永恒的爱。(拉哈尔博物馆，巴基斯坦)。

克服不了的悲痛。皇帝因为妻子的去世而悲痛万分。因此为她建立了豪华的陵墓，即泰姬陵。

莫卧儿王朝建立

15世纪末，300年间相继处于土耳其人、阿富汗人所建的一个又一个王朝统治下的德里苏丹国，国力已经大大衰落。16世纪初，北印度沦为一个新的上升王朝的统治之下。这一王朝在印度建立了7世纪戒日王统治时期以来最有效率的统治，同时开始了印度文明中最有成效的时期之一。该王朝在17世纪时达到极盛，被称为“莫卧儿”王朝(1520～1858)。“莫卧儿”(Mughal)一词原为波斯文，意为“蒙古”，不过这一王朝并非起源于蒙古。王朝的创立者巴布尔(1483～1530)是世界上两个最著名的征服者的后代；他的父亲是土耳其血统的帖木耳的后代，他的母亲则是蒙古人成吉思汗的后人。他自己的儿子和继承人是与一位波斯女子所生，更靠后的后嗣则具有印度皇族的部分血统。

热心的造园师。巴布尔讨厌自己在印度的宅子，曾写下家是“炎热和尘埃和风”，表示实在无计可施的句子。因此，他热衷于制造庭园。在这里有树、花、小河，让人想起生养他的故乡撒马尔汗和伊斯兰教的乐园。

泰姬陵的建筑

莫卧儿帝国第二代皇帝胡马雍的陵墓。

泰姬陵背后景

泰姬陵内精美的大理石雕刻

泰姬陵大清真寺后院

1590年的一幅画，表现的是巴布尔的军队在帕尼帕特战役中攻城的景象。

沙·贾汗时期建筑

印度莫卧儿帝国沙·贾汗皇帝时期(1628～1658)的建筑风格，以在阿拉格的泰姬陵为顶峰。其他著名作品有建于第一首都阿格拉的几座清真寺，以及位于第二首都德里的另一座宏伟寺院和一座巨大的宫堡式建筑群。沙·贾汗时期的建筑师喜欢在房屋上添加两个穹顶，在长方形门楣内布置凹入拱门，在房屋周围安排公园般的庭院。这一时期的建筑物讲究对称、均衡而精致。白色大理石为当时建筑材料。

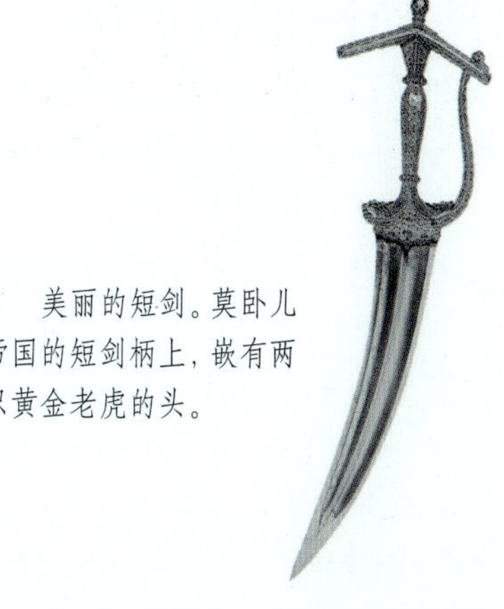

美丽的短剑。莫卧儿帝国的短剑柄上，嵌有两只黄金老虎的头。

泰姬陵后面观

□马纳斯野生动植物保护区

马纳斯野生动植物保护区位于印度东北部的阿萨姆邦，面积约390平方千米，是许多动植物的生活乐园。

□生态环境 保护区内生活有侏儒猪，体长只有70厘米，体重不足10千克，脸上带有白色条纹，是世界上最小的猪。这里还是鸟类的天堂，有鸟类350种，其中有濒危的印度大野雁、非洲秃鹫和印度秃鹫，还有7种卷尾鸟。保护区内还生活着金色长臂猿、亚洲水牛、印度象，以及恒河鳄、阿萨姆原产龟等36种爬行动物。保护区内已发现500种高等植物，以靠攀附树木生长的兰花最为引人注目。

长臂猿

体躯修长的小型树栖类人猿的通称。原产地在东南亚和东印度群岛的森林中。长臂猿的肢体修长，尤其是手臂和手部。站立起来有90厘米高，手臂长达150厘米。长臂猿的躯干长40～90厘米。毛长而蓬松，无尾，毛色从黑色、棕色到银灰色不等。长臂猿是森林中最敏捷、技艺最高超的哺乳动物，在树林中交互应用其手臂并将手曲成一钩状，自一树枝荡至另一树枝，甚至可如飞般地快速前进，一次至少可横越6米的水平距离。以果实、树叶、嫩芽为主食，偶尔也吃一些昆虫、鸟蛋和小鸟。以家庭为基本社会单位合成小群体活动，所占有的森林领域范围，最大可达120公顷。

苍鹭

亚洲水牛

长臂猿

马纳斯野生动植物保护区鸻体长30厘米。大约有10余种，大多栖息湖泊、池塘，以小型水生无脊椎动物为食。能发出悦耳的鸣叫声。当发现有掠食者接近巢时，故意连飞，把敌人引开。

非洲隼

苍鹭

苍鹭栖息于沼泽、稻田、湖泊、池塘，大多群居。啄食鱼类、两栖类、昆虫和甲壳动物。飞翔能力强。在飞行时，颈收缩于肩间，呈驼背状，脚向后伸直。静止于树上时，缩颈也呈驼背状。巢群大多筑在高大树冠顶部，以枯枝编成。每窝产卵3~6枚。卵淡青色。两性共同营巢和孵卵。常见的种类有苍鹭，头顶白，羽冠黑，上体余部灰色，下体白，只有前颈下部和肋部有黑色大斑。

秃鹫栖息于南欧、小亚细亚、中亚细亚和印度北部各地，又名狗头鹰，俗名坐山雕。秃鹫是大型高山鸟类的一种。在上升的气流中，它沿着山脊像一架滑翔机一样自由自在地翱翔。在中国，产于西部和北部，偶见于沿海各省。为大型猛禽，体长约118厘米。全身主要为黑褐色，头部以污褐绒羽，颈后有部分裸秃，为灰蓝色，皮和颈部有皱领，为淡褐并近于白色。两翅宽大有力。嘴峰强而侧扁，爪黑但不锋利。栖息于高原和山麓，常单独活动，在草原、山地等处的高空翱翔，寻觅动物的尸体为食。少数把巢筑在岩石上。春季产卵，每次产1～2枚，卵污白色，具斑。雌雄共同孵卵，孵化期55天。刚孵出的幼鸟全身密生灰色稚羽，颈侧裸出，生长较慢。

秃鹫

蓝冠鹃鸟

非洲幼隼

佛法僧

大嘴犀鸟栖息于、小亚细亚、中亚细亚和印度北部各地。

孟加拉山猫

水獭的特征

水獭主要以鱼类为食物，当它们追捕鱼儿时，身手相当敏捷，常以极为灵巧的转身动作缠住它们的猎物，使之昏头转向而欲振乏力。它们亦会捕食贝类、小型哺乳动物、水鸭子、多种鸟和蛙类。它们的饮食习惯就如鼬科动物的其他成员一样，在开始进食之前，一定尽量多地捕杀猎物，愈多愈好。所以，当它们在吃鱼时，经常可发现那些仅被咬几口后便弃置的鱼尸。水獭捕食时通常是单独行动的，而且常持续数天。它们经常到距离洞穴数千米远的地方觅食。

加济兰加国家公园内的水獭

䴙䴘：分布广泛，自极区到热带皆可繁殖，为一类趾缘具叶状瓣的潜鸟。除迁移之外，其余时间不擅飞行，有一种甚至完全不会飞行。

□加济兰加国家公园

加济兰加国家公园位于印度东北部的阿萨姆邦。面积430平方千米。公园内大部分土地每年都会被泛滥的布拉马普特拉河淹没，因而难以进入。但这片土地有着目前地球上少见的自然生态环境。

□珍稀物种　加济兰加国家公园中，印度犀和野牛是濒临灭绝的物种。它们生活在公园内布拉马普特拉河流域的高地上。此外，候鸟是这里的常客，每年都有100多种候鸟定期从西伯利亚飞到这里。这里还是沼泽鹿、野猪、孟加拉山猫、水獭和孟加拉虎的家园。

加济兰加的犀牛

犀牛为现今第二大哺乳动物。头部厚重、颈短、胸宽、身体结实强壮。为奇蹄目动物，和马血缘相近。脚粗壮，有3趾，尖端愈合处有蹄或角质的鞘。皮厚1～2厘米，呈褐色至灰色，被毛稀疏，有许多皱纹和皱褶。头部延长，吻部上有1或2个角。现在有4属5种，其中非洲有2种：黑犀牛和白犀牛。其他3种为：印度犀牛、爪哇犀牛和苏门答腊犀牛，分布于亚洲南部。1胎只产1只，虽然小犀牛很早就可进食植物性食物，但哺乳期却长达2年。每3～4年才生产一次。

瞧！这只犀牛刚刚洗完泥浆浴，爽极了。

孟加拉虎

□盖奥拉德奥国家公园

盖奥拉德奥国家公园位于印度西北部的拉贾斯坦邦。面积29平方千米。是重要的湿地保护区。湖泊和周围湿地栖息鸟类、鹿、印度獴、丛林猫、水獭、孟加拉狐、金色黑背豺、斑鬣狗和印度大羚羊等动物。还有50种淡水鱼和4种乌龟等水中动物。鸟类达350种之多，其中包括罕见的印度坡凫和栖息在草地上的田凫，还有火烈鸟等。每到越冬季节，来这里越冬的候鸟可达20万只。

非洲獴

獴分布于非洲、亚洲和欧洲南部。体长80厘米，尾长40厘米。灵猫科小型食肉动物。有40种，约15属。包括印度獴(灰獴)和非洲、欧洲南部的白尾獴(埃及獴)。獴形小，腿短，鼻尖、耳小，尾长，爪不能缩进，多具5趾。獴灵敏而大胆，居于地穴，以小兽、鸟类、爬行类、卵为食，偶食果实。

成群的獴在觅食的时候，总有几只獴轮流充当卫兵，观察四周的情况，一旦发现险情，就发出叽叽咕咕的报警声。

丘鹬

盖奥拉德奥国家公园内的越冬候鸟

南非水羚

火烈鸟

大杓鹬

□楠达德维山国家公园

楠达德维山国家公园位于印度北方邦。在首都新德里东北约330千米处。总面积达630平方千米。公园内有河流冲刷而成的峡谷，外有70多座雪峰环绕。公园内生活着麝、喜马拉雅羚羊、黑熊、黑棕熊，以及哈努曼长尾猴等珍稀动物。其中最珍贵的动物是雪豹，这里的环境非常适合雪豹的生存。

雪豹

食肉目猫科一种大型的猫，生活于中亚高山中的林线及其上方，从阿尔泰山到喜马拉雅山。雪豹不同于一般的花豹，被毛长，呈斑纹形态。躯体的底色为白色，仅在头部有明确的黑色斑点。在身体上，这些斑点形成间断、不规则的蔷薇花饰，其围绕的区域比底色深。斑点合并的深色纹从背部中央纵走到尾端。耳朵黑色的外侧有黄色的斑点。包括尾巴的体长为1.8～2.1米，其尾巴几乎是此长度的一半。

楠达德维山国家公园内的雌性麝牛，毛长而粗，长90厘米，为野生动物之冠。夏天毛呈深棕色，冬季则为黑或棕黑色。雄性发情时会发出麝香气味。

楠达德维山国家公园内的雪豹

楠达德维山上的隼

喜马拉雅羚羊

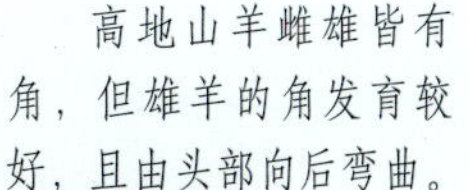

高地山羊雌雄皆有角，但雄羊的角发育较好，且由头部向后弯曲。

根达利耶·摩诃提婆神庙

根达利耶·摩诃提婆神庙内的男女雕像

□克久拉霍古迹群

克久拉霍古迹群位于印度中央邦，在首都新德里东南约500千米处。总面积约6平方千米。在三个“神庙区”有25个印度教耆那教的神庙，部分地装饰着性爱的浮雕和雕塑；还有872尊音乐家、神和美女的塑像，以及坎达里亚·马哈德法神庙里表现性爱的浮雕。该神庙有高31米的主塔以及84个小塔。其意义表现在旃德尔王朝时期一部“石头中的爱经”，以及公元10～11世纪印度雕刻艺术的杰作。在公元9世纪建造肖扎特·约吉尼，其中有印度教女神卡莉的女仆的祭礼小室64个。950～970年帕尔斯法纳塔——最大和最美丽的耆那教神庙，装饰着类似动物的人兽像和迷人的情侣像。1150年建造杜拉德奥神庙。

这里曾有大小寺庙院落85座，现存22座。寺庙群由昌德拉王朝兴建。从公元10世纪初开始，历经200年的时间建造了这些寺庙，样式一致。最主要的建筑是旃萨陀·约克神庙和根达利耶·摩诃提婆神庙。

□旃萨陀·约克神庙　为当地最古老的神庙。建于公元900年左右。全部采用花岗岩建造。庙中供奉着迦利女神。

□根达利耶·摩诃提婆神庙　为当地最大的寺庙。建于公元11世纪中叶。神庙供奉着湿婆神。神庙外墙上雕刻有上千个男女雕像。

□克久拉霍寺庙　以雕刻精美传神享有盛誉。

从性的狂喜到心灵的醒悟

神庙都建在高高的平台上。所有的神庙都对准东西轴，朝着升起的太阳。给人以更深刻印象的是那些无名石匠在软沙石上给后人遗留下无可比拟的大量雕塑和浮雕。似乎每一厘米都覆盖着女神、国王、音乐家、动物和怪兽的雕刻。成百上千的雕像，其中许多雕像高达1米。卡久拉霍原本的意义所在和它之所以每年能吸引成千上万参观者的原因，是那些无可比拟的大量描绘性爱的场景，其中有着无可比拟的细节描绘。显然是极度热心的表演者那兴趣盎然的上下和并排姿势，证明了他们有着丰富的想象，如同奥林匹克的杂技艺术一样。这样的性行为在那时至少也是被看成是一种习惯性的需要。表现性爱情景，在另一种恍然大司中出现，恪守道德准则的印度人对此作出了令人震惊的解释。描绘情侣是印度教中一个重要的观点，它深深植根于前雅利安人多产的观念。从在神庙素朴内屋休憩的神像中释放的力，升腾到神庙外墙的“生命舞蹈”。

克久拉霍古迹群

雕刻内容有男神、女神、娇艳的仙女、想象中的神兽等。雕刻遍布寺庙内外的墙壁，使寺庙成为一个极其巨大的雕刻群。

顾特卜塔上雕刻的《古兰经》经文

□顾特卜塔

顾特卜塔位于印度首都新德里以南。是阿富汗贵族艾巴克为了纪念征服印度北部的胜利兴建的。塔高72.5米，是印度最高的石塔。塔共有五层，从下到上，由粗而细。第一层由半圆形和三角形的肋拱相互交错而成，第二层全是半圆形肋拱，第三层是三角形肋拱。第四层和第五层是后来增补上去的，也是半圆形肋拱。每一层的周围都有一圈平台，上面刻满了《古兰经》的经文。

顾特卜塔及院内的伊勒杜特米什王陵

顾特卜塔院内的顾特卜塔

□象岛石窟

象岛石窟位于印度孟买东南约 6 千米的阿拉伯海上。因岛上有一头石雕大象得名。约开凿于公元6～9 世纪。16 世纪葡萄牙人占据此地，称其为“埃里芬达”(意为大象)。洞窟内的雕刻题材多表现湿婆神的传说故事和古代印度人民的生活情景。雕刻技艺精湛，是印度教石窟艺术的杰出代表。石窟内最著名的一尊雕像是5号窟中的湿婆神像，是一尊三面胸像，高约5.5米。正面代表创造者，手持净瓶，神情庄重；右面代表守护神，手持莲花，微微含笑；左面代表毁灭者，手握毒蛇，面目狰狞。另外，石窟中关于湿婆神像化身为舞王、斩魔、婚恋的雕刻也是少有的杰作。

大梵天。10世纪前半叶作品。

象岛石窟寺内供奉的印度教三相神，即梵天、毗湿奴和湿婆三位大神(7 世纪)

象岛石窟雕像

佛陀的诞生洗浴及出行七步

□法塔赫布尔·西格里城

法塔赫布尔·西格里城位于印度北方邦阿格拉市。是16世纪莫卧儿王朝阿克巴皇帝修建的一座皇城。相传这里是他祈求子嗣应验的地方。法塔赫布尔·西格里城建在石质高原上，三面城墙环绕，城墙总长约6千米。共有7座城门。犹如坚固的堡垒。

□建筑特色 城市的主体建筑全部采用赤砂石，用白色大理石嵌出图案，并刻上各种细密精致的花纹雕饰，外表极为靓丽美观。城中的建筑分为清真寺区和皇宫区。

□清真寺区 清真寺区以星期五清真寺为主体，环绕着小宫殿群和公共浴场。星期五清真寺可以容纳1万名信徒。寺中有圣人谢赫·沙利姆·奇斯蒂的陵墓。

□皇宫区 皇宫区位于清真寺的东北。皇宫宽约1600米，三面城垣约3000米，宫内有觐见宫、五层宫等宫廷建筑。

□觐见宫 宫内雕梁画栋，雕刻精巧，引人入胜。中心有一根7米高的石柱。柱头像树冠似的托起一个圆形平台，是皇帝的御座。

□五层宫 呈宝塔形，每一层都用柱子支撑，四周装有护栏，没有围墙。最高一层是土耳其圆顶凉亭，站在顶层可以俯瞰全城。内室是妃子们居住的地方。屋顶是用绿色琉璃瓦建造的，十分别致。

莫卧儿帝国走向繁荣

1589年，经过33年的治理，阿克巴统治下的莫卧儿帝国呈现出一片欣欣向荣的景象。在军事上，完成了一系列征服，几乎控制了半个印度半岛；在经济上，改革了税制，税额适度；在政治上，建立了一套新的官僚体制，既能有效地进行治理，又能有效地防止地方势力过大；在宗教上，各种宗教和睦相处，没有发生宗教争端。这些成就表现了阿克巴卓越的治国才能。

1605年10月17日，莫卧儿帝国阿克巴在印度阿格拉去世。他死于腹泻和内脏出血，因此被怀疑是被人毒死的。阿克巴虽然目不识丁，但有着超凡的魅力。他一生从没有打过一次败仗，征服了南亚次大陆三分之二的土地。他建立了高效而又廉洁的官僚体制，积极引进新技术来改造军队。他力图超脱于各种宗教之上，把国内形形色色的教徒团结在自己的旗帜之下。他是一位自然神论者和神秘主义者，对美术很感兴趣，每当夜幕降临，他喜欢让人给他朗读历史、地理、哲学和神学著作。

印度古城法塔赫布尔西格里的大清真寺的庭院，可同时容纳1万名朝圣者。

法塔赫布尔·西格里城的觐见宫，每天早晨皇帝会驾临这里，听取臣属的建议，做出决策。

圣都契提斯之墓，这座房间的墙壁被镂空，珍贵非凡。

皇宫南门，一座高达50米的八角形红色建筑。

上图：皇宫南门的背面。下图：阿克巴统治下的莫卧儿帝国呈现出一片欣欣向荣的景象。法塔赫布尔·西格里城全景。

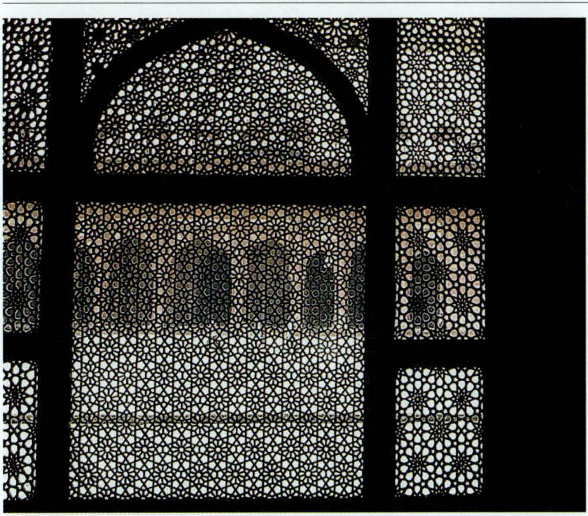

觐见宫中心波斯的建筑风格

阿克巴在猎场上反省自己

象群正在通过浮桥，选自《阿克巴史》一书(1597年，印度)。乐于研究自然的皇帝。1618年，莫卧儿帝国皇帝查罕杰开始研究绘画、植物学和动物学，以摆脱繁忙的公务和跋扈的妻子带给他的烦恼。查罕杰于1605年推翻父王，夺取王位，并进一步扩大了帝国的疆域。但他的真正兴趣是研究自然。他每天都要将自然界中发生的现象记录下来，喜欢观察各种各样的动物，还让画家们把这些现象和动物画下来。

上图：觐见宫中心有一根7米高的石柱，皇帝在柱头上方的坐位上与臣属交谈，臣属则只闻皇帝声而不见皇帝人。下图：建筑物上常使用的波斯式圆顶，是莫卧儿王朝的建筑风格之一。

□桑吉佛教古迹

桑吉佛教古迹位于印度中央邦，在首都新德里以南约580千米处。位于贝德瓦河西岸高90米的砂岩山丘平顶有最完好的佛教建筑群，其中以1818年发现的1号佛塔最为著名。相传公元前3世纪，孔雀王朝阿育王为弘扬佛教，曾在全国建有84,000座佛塔，其中桑吉有8座。现有佛塔、寺庙、殿堂等佛教建筑古迹约50处。后来又有扩建。四周有栏杆，开四门，栏杆和门上刻有佛陀一生故事。其他遗址有几座较小的1号佛塔(佛塔)，一所会堂和一根刻有铭文的阿育王柱以及几所寺庙(4～11世纪)。

□佛塔　是古迹中的主要建筑物。也是一种佛教纪念性建筑物，通常收藏与佛陀或其他圣者有关的神圣遗物。1号佛塔是桑吉古迹的中心。呈倒钵形，基座直径为36米，顶部平坦，可以放置供奉舍利的容器。在两根立柱和3根横梁上，刻着骑在大象上的国王、芒果树枝头嬉戏的树精、果园的看果人、田间劳作的农夫、用大水罐运水的村妇，还有猴王等怪诞浮雕。展现了神秘的佛教世界。

窣睹波西翼门柱上的雕刻

桑吉窣睹波

孔雀帝国鼎盛时期

约公元前273～前236年是阿育王统治下的孔雀帝国鼎盛时期。阿育王是孔雀帝国的创始人旃陀罗笈多之孙。他加冕的第九年，大举进攻南印度的羯陵伽。此时除次大陆的南端外，北起喜马拉雅山南麓，西达兴都库什山，南至迈索尔，东抵阿萨姆西界，均列入孔雀帝国的版图。阿育王宣传孔雀帝国的国教——佛教，宣称征服不应依靠战争，而应当依靠佛法。他还派传教僧侣广布佛法，足迹远及波斯、希腊、斯里兰卡等地，对佛教的传播。除大兴佛教外，阿育王也大力发展社会经济，扩大灌溉工程，修筑道路，建立医院，从而巩固了帝国的统治。

佛祖头像。公元前482年。印度中部。

桑吉雕刻艺术风格

印度早期(公元1世纪)装饰大塔(佛冢1号佛塔)门廊所作的雕刻。位于中央邦境内，是当时最壮丽的墓碑之一。但桑吉地区从公元前3世纪到公元11世纪，与佛教中心萨尔那特和马图拉一样，有一个连续不断的艺术发展史。桑吉有在座佛塔。初建于阿育王时代，以后几个世纪不断扩大。其他重要雕刻有阿育王(约公元前265～前238)所竖立的纪念性石柱、一个早期的笈多庙(17号庙)以及其他一些寺庙。每一个门口用两个顶端雕有走兽和方柱筑成，在顶部的横梁上，有三宝和法轮。横梁间的方座上满布浮雕，描绘佛传和佛本生故事，以及与早期佛教有关的情节和各种吉祥的象征。浮雕削凿很深，刻有连续性故事的板面上雕像密集、富丽而有活力。佛陀是用象征手法表现的，如法轮、宝座或脚印。在门廊的石柱与最低的横梁之间，端坐着药叉(自然女神)。女神胸臀丰满，薄衣贴体，姿势舒展，非常生动自然。

窣睹波钵式塔的东翼门柱上雕刻的一个女子和一棵芒果树

佛陀讲法像

□加德满都谷地

加德满都谷地位于尼泊尔境内的喜马拉雅山，是尼泊尔的心脏。它东西长32千米，南北宽25千米。主峰位于尼泊尔境内的喜马拉雅山脉和摩诃哈拉山脉之间，海拔1331米，被四周起伏剧烈的群山环绕。主要有尼泊尔的首都加德满都和帕坦、巴德岗三座城市。

□加德满都城 加德满都城是尼泊尔的首都。面积50余平方千米。始建于公元732年。原名“康提普尔”，意思是“光明之城”。公元12世纪，李查维王朝国王用一颗独木建造了一座塔庙，成为城市的中心。以后城市围绕着塔庙扩建。到1593年，这里更名为“加德满都”，意思是“独木庙”。加德满都是连接中国和印度之间的交通要道。因此，印度教、佛教、喇嘛教三教会聚于此，城内修建有大量的寺庙和佛塔。寺庙有2700多座，形成了寺庙多于住宅、佛像多于居民的景象，有“寺庙之城”的称号。加德满都城内的斯瓦扬布佛塔有2500年的历史，是典型的佛塔建筑代表。塔的基座有5层，每一层形状不同，

加德满都城内的斯瓦扬布佛塔

加德满都城

尼泊尔

总面积：136 800 平方千米

人口

◎ 100 000 以上
● 10 000 以上
○ 10 000 以下

(1)释迦牟尼诞生地兰毗尼

位于尼泊尔兰毗尼专区的鲁渊德希县。占地只有7.77平方千米。公元前623年，迦毗罗王国净饭王之妻摩耶夫人在一棵巨大的娑罗树下生下了释迦牟尼。因而成为佛教徒朝拜的圣地。兰毗尼圣地主要有摩耶夫人庙和阿育王石碑两处胜景。(图为释迦牟尼诞生地兰毗尼内的摩耶夫人庙)

(2)奇特旺皇家国家公园

位于尼泊尔南部。地处喜马拉雅山麓特拉伊平原两条河谷之间的天然动物保护区。占地932平方千米。海拔在150～760米之间。辽阔的地域，适宜的气温，是许多珍稀动物的理想栖息地。(图为奇特旺皇家国家公园内的林间河谷)

(3)萨加玛塔国家公园

公园位于尼泊尔喜马拉雅山区。萨加玛塔是尼泊尔人对珠穆朗玛峰的称誉，意为“摩天峰”。公园总面积1244平方千米。公园内生存着杜松、银桦和麋鹿、雪豹等珍稀植物和动物。(图为萨加玛塔峰(珠穆朗玛峰)

□加德满都谷地

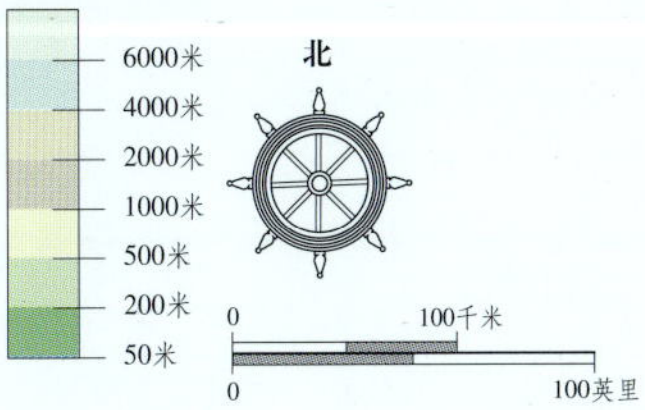

海拔：6000米、4000米、2000米、1000米、500米、200米、50米

北

0 100千米
0 100英里

巴德岗的繁荣

巴德岗又名“巴克塔普尔”，梵文意思为“信仰者之城”。位于加德满都以东约12千米处。建于公元389年。公元13世纪，马拉王朝在这里定都，直到1768年，这里都是尼泊尔的政治文化中心，也是中世纪尼泊尔艺术和建筑的发源地。市中心广场中央的“五十五窗宫”是马拉王朝的故宫。广场一侧还有著名的尼亚塔波拉塔，建在石砌的5层台阶上，又称“五层塔”。巴德岗最著名的的名胜是黄金门，建于1753年。大门的镀铜门柜上雕刻着许多神灵。镀金屋顶以大象和狮子为装饰，盖在黄金大门上边。此门是整个加德满都谷地最杰出的艺术品。

手印说法佛

象征着“地、风、水、火”和“生命精华”。基座之上是13层镏金尖塔，象征知识的13个层次。金色宝顶高耸入云，塔顶伞盖象征着“涅槃”的境界。佛塔周围建有方形坛和众多的小祭台。

□帕坦 帕坦位于加德满都城以南5千米处，约建于公元298年。是尼泊尔最古老的城市。也是古代加德满都谷地的商业中心。整座城市是按照佛教经轮形状设计的，以皇宫为中心向着四方的佛塔呈放射状分布。城内有136座寺庙，还有55座泥瓦多重屋顶庙宇，有“精致艺术之都”之称。

泰国

总面积：510 890 平方千米

人口

- ▣ 5 000 000 以上
- ◻ 1 000 000 以上
- ◎ 100 000 以上
- ⊙ 50 000 以上
- • 10 000 以上

□素可泰历史名城

□大城历史名城及有关城镇

(1)班清考古遗址

位于泰国乌隆府，在首都曼谷东北约490千米处。1967年，考古学家在这里发现了制造于公元前3500年的许多文物。班清考古遗址主要的出土文物是陶器和人类骨骼化石。(图为班清考古遗址发掘现场)

(2)通艾、会－卡肯野生生物保护区

位于泰国西部的乌太他尼、达府、北碧各府。在泰语中通艾意为大草原，而会－卡肯为较平坦的丘陵。通艾保护区面积3200平方千米，会－卡肯保护区面积2574平方千米。(图为保护区内的潜鸟)

缅甸 老挝 柬埔寨 马来西亚 安达曼海 泰国湾 曼谷湾

20° 16° 12° 8° 100° 104°

因他暖山 2594▲ 清迈 难府 南邦 帕府 程逸 廊开 乌隆 黎府 那空拍侬 沙功那空 达府 彭世洛 隆塞 孔敬 加拉信 马哈沙拉堪 黎逸 那空沙旺 猜也蓬 武里南 乌汶 华富里 呵叻 素林 沙拉武里 吞武里 大城 佛统 曼谷 差春骚 沙没沙空 沙没巴干 叻武里 春武里 碧武里 华欣 罗勇 庄他武里 阁昌岛 春蓬 克拉地峡 阁帕岸岛 阁沙梅岛 索叻他尼 那空是贪玛叻 普吉岛 普吉 董里 宋卡 合艾 北大年 也拉 那拉提瓦

萨尔温江 他念他翁山脉 滨河 难河 南河 湄南河 比劳山脉 呵叻高原 扁担山脉 湄公河 马来半岛

海拔

- 2000米
- 1000米
- 500米
- 200米
- 海平面

北

0 200千米

0 200英里

黄金时代的素可泰

素可泰是泰国第一个独立王国，是泰国历史上的黄金时代。在中央平原的北部保存着古素可泰的一些遗址，至今令人神往。通往素可泰古城的道路要经过素可泰“新城”。从这里再向北走10公里经过甘烹碧门就到古代素可泰城界区。

素可泰王朝于1240年创立，国王英塔地宣布泰王国正式摆脱高棉帝国，从此独立。素可泰王朝的疆界包括今天泰国的大部地方，一部分马来半岛地区和一部分缅甸地区。“素可泰”这三个字简直就是泰国艺术最高成就的同义词。这个时期精美的佛像造型达到泰国艺术的顶峰。历经九位国王。公元1438年新兴的阿育塔雅王国吞并了素可泰王国。素可泰最有名的国王民郎堪罕。他发展了泰国的文字，推动小乘佛教的普及，并与中国建立了联系。素可泰的城垣遗址显示出该城至少有三道城墙和两道护城河的防御。城市最初是由高棉人兴建，共有三座建筑和一条水利系统，与吴哥寺比较类似。

素可泰的佛像

□素可泰历史名城

素可泰是泰国中北部城镇，是一个古王国的历史都城。素可泰原是以吴哥为中心的高棉王国的一处乡下市镇，13世纪获得独立，成为位于现今泰邦首都。王国的第三代统治者兰坎亨国王(约1279～约1298在位)将其扩展到现在的老挝，往西直抵安达曼海，往南到达马来半岛。这座古城据说约有8万居民。在兰坎亨国王统治下，开始大兴建筑，工程繁忙约达百年之久，直到14世纪下半叶，素可泰的大部分寺庙皆已建成。1351年阿育他亚建为强大的敌对王朝的首都之后，素可泰王朝的影响开始衰落。20世纪70年代，泰国政府修复素可泰旧址，包括一些庙宇、佛塔遗迹、装饰性池塘与佛像。修复之后成为素可泰历史公园，面积约70平方千米，位于曼谷以北约450千米处。现代的素可泰市离历史遗址约13千米。

□斯里斯外寺　斯里斯外寺位于玛哈太寺的西南方，它原本是供奉希娃的印度神庙。里面保存有座三联墙，是仿高棉风格而建。16世纪时增建在塔

素可泰旧城的玛哈太寺

蒙坤巫碧大佛塔建于1357年，塔身嵌有释迦牟尼像。

阿育塔雅和华富里

上的灰泥装饰，展现的是神鸟与神明的选型，非常精致。

□查那宁可兰寺和塔库安寺 查那宋可兰寺和塔库安寺都有极为精细的斯里兰卡式佛塔。塔库安寺内也有许多清善时期的铜像。

□斯洛斯里寺 位于前往素可泰的南门途中，寺内有座斯里兰卡佛塔，佛塔东边的入口有座大佛堂。寺院可能建于12世纪末，当时素可泰仍是高棉帝国的一部分。该寺可能就是当初素可泰的中心。而后来移到晚些建的玛哈太寺。这里发现的一尊坐佛石像的残骸，据认定是1191年高棉嘉瓦雅曼七世国王时的作品，现佛像安放在城内的朗堪罕博物馆内。

素可泰造型艺术木雕

摩诃它寺院的主体部分(建于13世纪)

素可泰造型艺术

素可泰型佛像的标准形式之一，14世纪兴起于暹罗(今泰国)，或许是素可泰城。泰国佛教人士认为，为求寺内佛像灵验常存，必须使佛像尽可能近似原台标准型，相传这种标准型是在佛陀在世时制造的。泰国几代国王曾进行至少3次重大努力以制定佛像“真正”标准。素可泰型直接受到斯里兰卡艺术的影响，素可泰型佛像由力的曲线和圆柱型构成，望去使人感到丰润飘逸而高雅。身体各部各有所似，如躯干如狮，鼻如鹦鹉喙。面部和身材拉长，眉、眼、鼻、口用浓重曲线标出。佛或坐如莲花，右手指地，或作行走状，一脚迈在前面，右手抬到胸间。行走佛是泰国的创造，在印度不作为标准型。

泰国素可泰遗址中的三盘叩里的一座佛像。该寺建在山丘上，佛像具有典型的素可泰风格。

沙潘欣寺的站佛

摩诃它寺中一个壁龛里的浮雕，刻画的是喜马拉雅山脚下森林里创造人类的始祖。

摩诃它寺院中的主要寺院，池塘边有一座大佛，有一个保存圣物的小佛塔。图为池塘荷花边的玛哈太寺。

□玛哈太寺　素可泰城墙内共有20多处寺庙和建筑遗址废墟。其中最大的要数玛哈太寺。这座寺庙堂究竟是谁建造的，到现在也不能确定。格利斯渥称此庙为“泰王国的精奥中心”。根据猜测，玛哈太寺是由素可泰王朝的第一代国王建造。玛哈太寺目前造型乃是洛泰王在1345年改建时完成的。玛哈太寺的原型设计是在砖红壤台基上竖立着的四个砖红壤佛塔。平坛四个角落上的佛塔还可见到，是高棉风格的建筑。庙里主要佛像是由李泰王(1347～1368)铸造，乃是一青铜佛，现存放在曼谷的苏塔寺内。主塔基座墙上有一道刻有行僧图的灰泥饰带。

玛哈太寺

斋里则育寺
内的泥塑佛像

□大城历史名城及有关城镇

大城历史名城及有关城镇位于泰国的大城府，在首都曼谷以北约70千米处。大城又称犹地亚，是湄南河、巴萨克河和华富利河的交汇点。地理条件优越，历史上就是泰国南部的商业中心。阿瑜陀耶朝(1350～1766)为京城，泰国的33代君主在这里建都417年。曾毁于18世纪。拉玛四世和五世在此建立行宫，其中一座中国式行宫十分华丽。由于国王虔诚地信仰佛教，城内佛教建筑众多。同时作为商贸中心，大城的艺术也得到了发展，城内有大量艺术珍品、图书典籍。主要建筑有王宫、寺院、要塞，但最主要的还是它的宗教建筑——寺院。

□王室公佛寺 王室公佛寺建于1342年。濒河而建。寺内的白色圆尖佛塔，高15米，规模宏大，格外醒目。寺内有泰国最大的佛像——銮抱多。它宽14米，高19米，用泥灰塑造，外镀金色。每年都受泰国人的顶礼膜拜。

□蒙坤巫碧大佛塔 蒙坤巫碧大佛塔建于1357年，塔身嵌有释迦牟尼像。

□帕希讪派寺 帕希讪派寺建于15世纪末，是大城最宏伟的一座寺院。是拉玛地博地二世修建的，他父亲的遗骨、他哥哥的遗骨及他自己的遗骨，分别放置在三座塔内。

□拉加布拉纳寺 建有地下祭室。有许多15世纪初期的壁画。壁画的内容主要是表现佛陀一生的事迹。具有很高的艺术成就。

帕希讪派寺三座塔

挽巴茵行宫

位于大城南30千米处。始建于拉玛四世，1896年拉玛五世时落成。是为夏宫。因宫殿坐落于湄南河中的一个小岛上，巍峨壮观，故有“湄南河明珠”之美誉。宫殿设主殿，另有碉堡式的暹罗塔和郑王纪念宫。

释迦牟尼像

上图：大城历史名城的佛像　下图：蒙坤巫碧大佛塔塔身嵌有释迦牟尼像

王室公佛寺内的佛塔

普拉帕托姆舍利塔

左图大城的佛像

印度门廊下的佛陀雕像

□泰国清迈

清迈，泰国北部最大城市，该城有火车直达曼谷，是泰国北部主要城市。城市内外分布着大量的13～20世纪泰国北方典型艺术风格的纪念性建筑和宝塔。清迈寺位于老城墙的东北部，清迈新修建的300个寺庙中，它是最古老的一个。清迈濒临湄南河主要支流滨河，海拔335米，地处肥沃的山区盆地中心。是泰国北部和缅甸邻近地区的宗教、文化、教育中心。保持有传统风格，结构疏落有致。与老挝的文化联系密切。1292年建为皇室驻地，1296年成为镇，至1558年一直是兰纳泰王国首都。1558年被缅甸侵战，1774年收复，但保持一定程度的独立直到19世纪后期。宽阔的滨河将市分为两部分。旧城在西岸，有许多13～14世纪庙宇遗迹；新城在东岸，更为开放，与旧城有两座桥相连。清迈是繁华的游览中心。附近有皇室的夏宫普平宫。附近小村制造银饰、木刻、瓷器、雨伞和漆器，清迈是著名的泰国手工艺业中心。东面的山甘烹产传统丝绸。其中苏泰普山寺是泰国最著名的朝圣地之一。

清迈市菩赛宁寺内的藏书楼

苏泰普山寺

老城之外有一段陡峭而崎岖的路段，盘旋而上的山路就是苏泰普山侧翼，再向城市西北方向走15公里就到达清迈最受敬仰的寺庙——苏泰普山寺，这个地点是被14世纪中叶一头尾巴上捆着佛教纪念物的大象发现的，这头大象松开了束缚它的绳索，爬到苏泰普山半山腰，停在那里不再走了，苏泰普山寺就建在大象停留的地方。攀登苏泰普山寺的道路要经历华考瀑布，站在苏泰普山顶，清迈就在脚下展开一幅迷人的画卷。穿过寺庙的庭院，回廊中呈现的是装饰过的描绘佛祖生活的壁画，从这里向上望，可看到24米高的镀金佛塔。东西两端各有两个藏圣殿，在黎明时分，依稀可见穿白袍的尼姑们诵经，日落时可见西面和尚在祈祷。

濒临湄南河主要支流滨河的清迈

清迈斋里则育寺内面带微笑的泥塑大佛

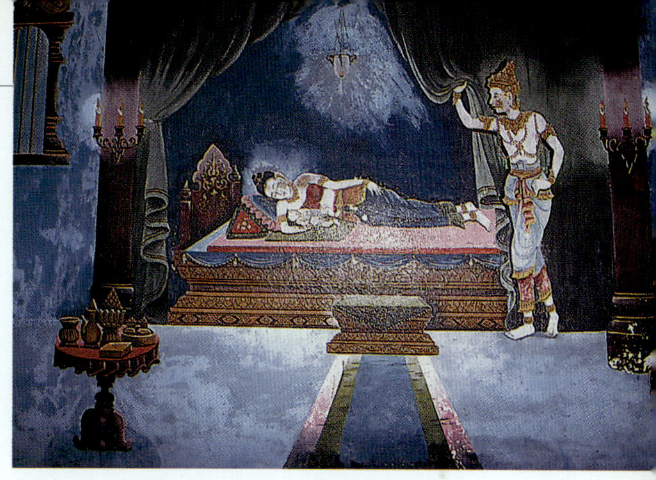

蒙坤巫碧大佛塔建于1357年，图为释迦牟尼壁画。

清迈斋里銮寺附近一座庙宇的正门上方门楣的装饰。

清迈普拉辛寺寺的正门

菩赛宁寺

菩赛宁寺是矗立在清迈大道上的主要建筑。它是此地最重要也是最大的寺庙，建于1345年。它高耸在这座古老城市的心脏部位，挨近苏多克大门。菩赛宁寺有著名的三座古迹：一个图书馆，一个佛塔，一个莱坎茂圣殿，辉煌壮丽的拉那风格的木结构的图书馆，在建筑群的右侧，有高高升起的底座，装饰有灰墁质地的守护神。在清迈所有的庙宇里，它是最杰出的木质结构建筑。建于拉那晚期，即1811年，建筑前侧的围墙用镀金的花朵装饰，以红色木漆做背景。

泰国清迈市菩赛宁寺内的寺院

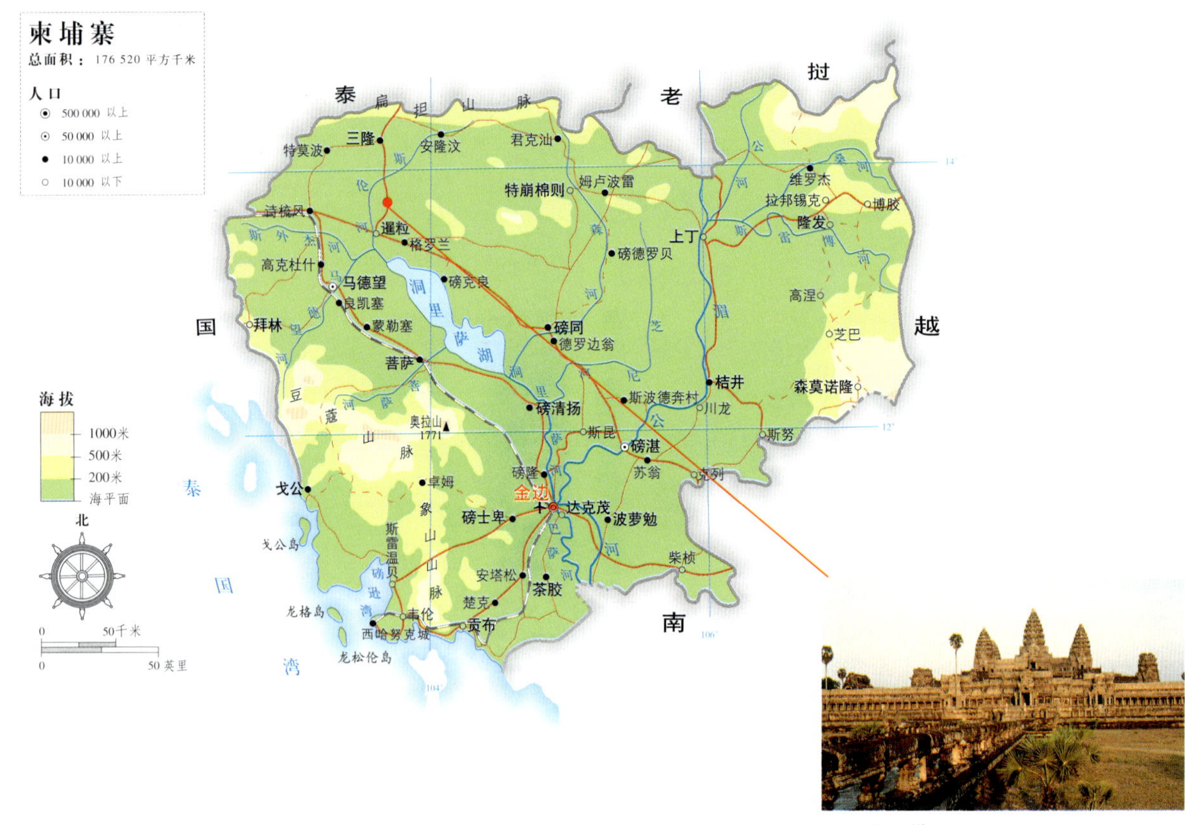

吴哥窟圣塔

□吴哥遗迹群

吴哥遗迹群位于柬埔寨暹粒省金边湖北侧。与中国的万里长城、埃及金字塔、印度尼西亚的婆罗浮屠，并称为东方“四大奇迹”。面积约45平方千米的原始森林中，分散有各种建筑遗迹600多处，主要包括大、小吴哥两地的吴哥城和吴哥窟。吴哥古迹的建筑里有一些巨大的石头，普通的约一吨重，特别巨大的达八九吨重。每一块石头都是经过精雕细刻的，上面的浮雕给人丰富的的联想，其艺术表现力令人叹为观止。始建于公元802年，是柬埔寨真腊王国吴哥王朝的统治者奢耶跋摩二世统一高棉、定都吴哥后下令修建的巨大寺庙群。持续400年，到1201年奢耶跋摩七世时才完工。1431年，遭暹罗军队破坏。从此这座有悠久历史的文明古都也渐渐被遗忘，逐渐淹没在丛生的杂草中。1861年，法国人毛霍德在莽莽热带丛林中考察，偶然发现了古迹。吴哥遗迹得以重见天日。

□吴哥窟　吴哥窟即吴哥寺，又称小吴哥。是柬埔寨的三大圣庙之一。其建筑宏伟壮观，精巧细致，艺术成就达到了极高的水平，可以同巴黎圣母院、凡尔赛宫相媲美。是人类建筑史上的珍品。奢耶跋摩二世就葬于此。吴哥窟几乎全部用砂岩石重叠砌成，周围长约5千米，由宽200米的壕沟环绕，总面积约60平方千米。建筑特征是城中套城和浮雕回廊。浮雕长达800米，内容主要是印度著名史诗《摩诃婆罗多》和《罗摩衍那》中的神话故事，人物形态各异，绝无重复，令人叹为观止。最主要的建筑是建在寺庙中心三层台基上的圣塔。

□圣塔　共有5座，呈莲花花苞形。最高的一座是中央圣塔，高65米。圣塔前是开阔的庭院，中心一条笔直的通道长达347米。圣塔现为柬埔寨国家的象征。国旗的中心就有圣塔的图案。

□巴戎寺　居城市中央，寺北有大广场，据说

柬埔寨吴哥古城内的女神雕像，位于女神庙入口处。

柬埔寨吴哥古城内一扇布满雕刻的假门，展示出当时佛殿的装饰艺术(10世纪)。

为当年国王阅兵及举行盛大集会之地。

□女王宫 整个建筑有强烈的层次和立体感，围墙错落有致，祠塔精美别致，人物雕像极为精湛，是吴哥古迹明珠。

吴哥窟的《摩诃婆罗多》神话故事石雕

吴哥城

吴哥城也称“大吴哥”，意思是“大王城”，距吴哥窟约4千米，是真腊王国国都的遗址。吴哥城呈四方形，占地面积9平方千米，城墙全部用巨石砌成，5座城门也用石块砌成，其中4座开在每一边城墙的正中，顶上都有一尊四面神像；另一座是直接通往王宫的“胜利门”。每座城门外都有一座大桥，桥的两侧有石雕侍卫神像，侍卫手持巨蟒，蟒身便是桥栏。吴哥城内有许多著名的石庙和建筑，如巴戎寺、巴芳寺、空中宫殿等。

吴哥窟城的石刻像

吴哥窟全景

上、下图吴哥城门上的四面佛像

京那巴鲁公园

泰国
加央
凌家卫岛
亚罗士打
哥打巴鲁
通帕
巴西马士
佩林阿特
双溪大年
槟榔屿
巴特沃思
槟城
居林
布莱
大山脚
吉兰丹河
瓜拉丁加奴
太平
和丰
瓜拉江沙
怡保马
凯尼尔湖
瓜拉龙运
金马伦高原城
巴都牙也
马来亚
朱盖
金宝
彭亨河
因坦
劳勿
关丹
文冬
文德甲
淡马鲁
必打灵查亚
吉隆坡
沙阿兰
马来半岛
巴生
加影
雕门岛
瓜拉比拉
芙蓉
昔加末
波德申
麻坡河
森布龙河
丰盛港
马六甲
冬甲
麻坡
居銮
亚逸依淡
巴株巴辖
古来
小笨珍
新山
新加坡
马六甲海峡
新加坡海峡
南
海拔
2000米
1000米
500米
200米
海平面
北
0
100千米
0
200英里
100°
102°
104°
4°
2°

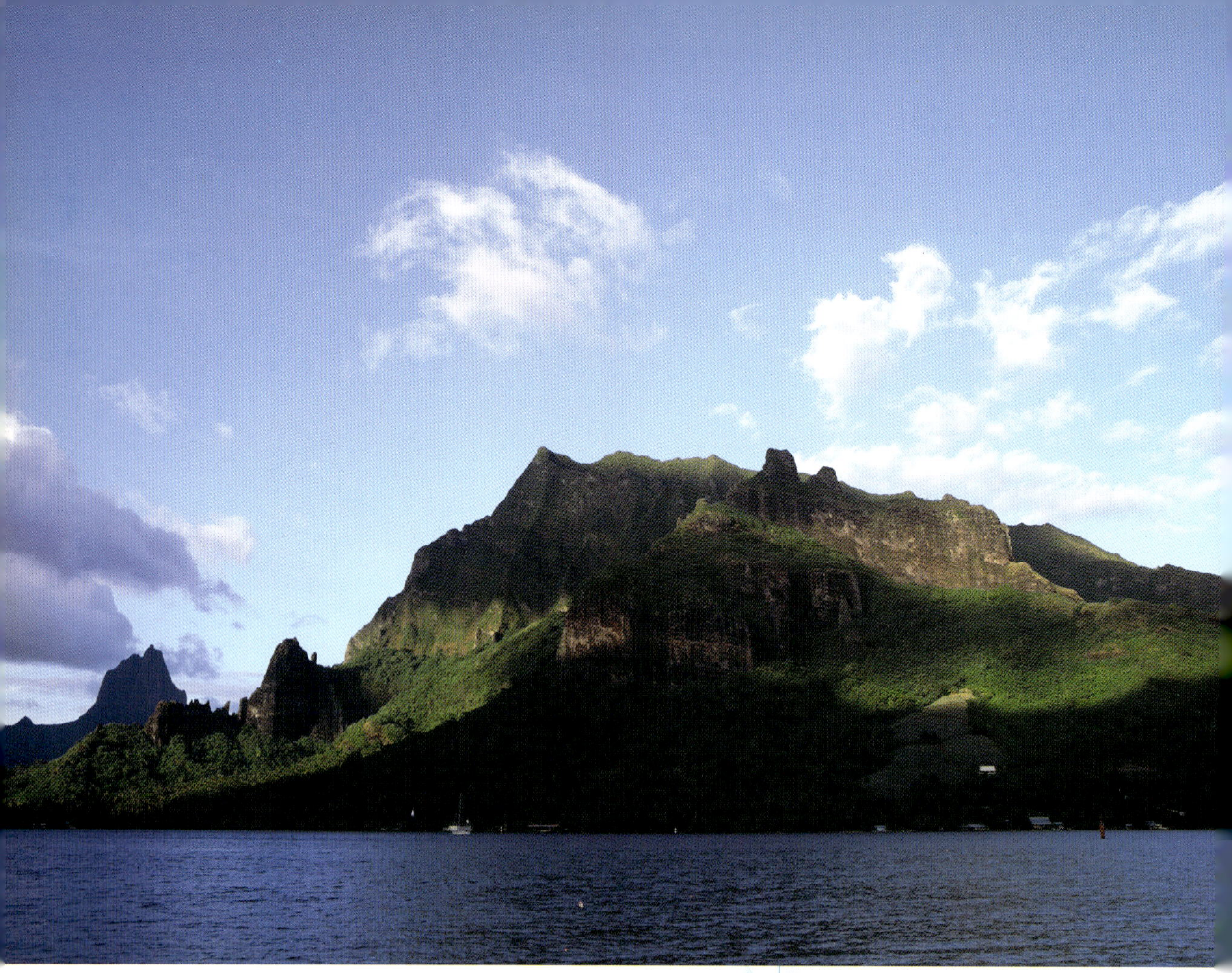

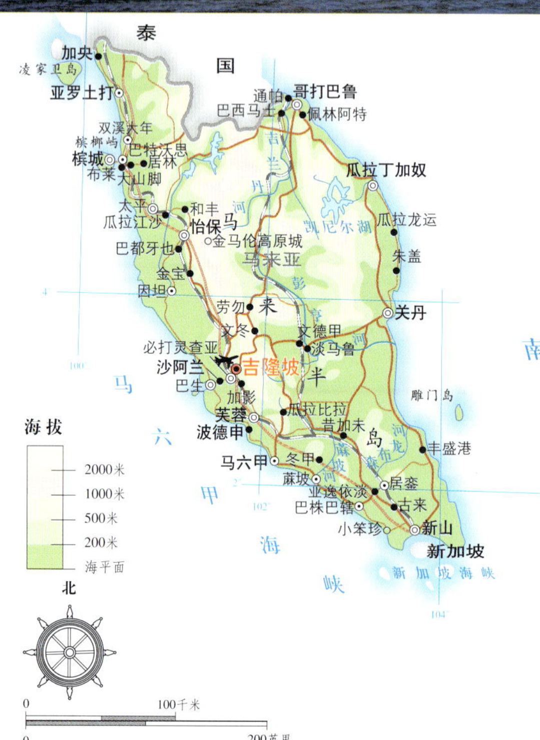

□京那巴鲁公园

京那巴鲁公园位于马来西亚沙巴州，又称神山公园，是马来西亚一处神秘的热带丛林。公园内有东南亚最高的山脉——京那巴鲁山，海拔4101米，形成于150万年前。当时地球表层逐渐凝固，深藏地底的花岗岩像春笋般破土而生，经冰河期的冲刷，孕育了京那巴鲁山的独特风貌。生态资源完整，位居世界生态排行榜前列。京那巴鲁公园的特殊生态环境主要导因于特殊的断层地理结构，再加上地壳运动后的隆起，使气候的型态变化多端，从低海拔一直到高海拔的蕨类、阔叶林、针叶林、兰花、猪笼草等特殊植物生态都聚集在京那巴鲁山内。园内拥有400种以上的植物，种类数以千计的昆虫，超过3000种鸟类，以及100多种哺乳动物。

京那巴鲁公园内的热带丛林

京那巴鲁公园内生长的猪笼草

马来西亚

总面积：328 550 平方千米

人口

◉ 500 000 以上

◎ 100 000 以上

⊙ 50 000 以上

• 10 000 以上

○ 10 000 以下

□京那巴鲁公园

黑面猴大长臂猿一次至少可横越6米距离。以果实、树叶、嫩芽为主食。

东南亚是引人注目的地区性动物的家园，动物种类从模样古怪的犀鸟到科摩多巨晰和阿特拉斯大蛾，景象十分壮观。东南亚野生动物构成了印度尼西亚－马来亚范围的一部分，这是一个包含亚洲热带大部分动物和地理特征的地带。特有的种类有聋猴、长臂猿和飞狐猴。该区域独有的鸟类为叶鸟和雀鹎。该地区有众多的爬行动物和两栖动物，有许多晰蜴(包括壁虎和科摩多巨蜥——世界上最大的蜥蜴)、毒蛇、鳄鱼和海龟。由于人类破坏自然环境、狩猎和偷猎以及非法买卖濒临灭绝的动物，给濒临灭绝的动物带来极大的威胁。物种损失的速度，包括植物和动物，比人类历史上任何时候都快。

辫子棕榈果实

热带雨林巨嘴犀鸟，可在沿海岸和低地森林中见到。

一种常见的丝叶毛毡苔(D. filifiormis)，有丝状的叶片，上面布满紫色、发亮的绒毛，从花白色到紫色都有，长在茎上，茎高约60厘米。

貘分布于马来西亚森林深处和沼泽地，天敌是老虎。

马来西亚野生大猩猩曾在东南亚大部分地区可见，但现在只能在婆罗洲和苏门答腊见到。目前数量估计不到3万只，这是十年前数量的一半。由于木材砍伐和以此为手段获利，造成了生态环境的破坏，严重威胁着大猩猩的生存。

西马来西亚虎。目前只有5000~7500只存活。过去50年里，巴厘岛和爪哇岛上老虎的分科已经灭绝，大部分是由于捕猎。

土豚

马来西亚独角犀牛是世界上最为罕见的大哺乳动物。在爪哇西部的乌戌库龙半岛有50只。

□乌戎科隆国家公园

（图为乌戎科隆国家公园内的翠鸟）

□婆罗浮屠寺庙综合体

海拔

4000米
3000米
2000米
1000米
500米
海平面

北

0 500 千米

0 500 英里

(1)桑义朗爪哇人化石遗址

位于印度尼西亚爪哇岛中部，在首都雅加达以东约520千米处。在桑义朗出土的古人类化石采自三个不同的地层。180万～70万年前的地层，70万～20万年前的地层，20万～10万年前的地层。爪哇人的年代比北京人要早，因此通常被认为更原始些。(图为桑义朗爪哇人化石遗址)

(2)普兰班南的寺庙群

位于印度尼西亚日惹市东北约16千米处，由240多座庙宇组成。普兰班南的寺庙是陵墓和庙宇合二为一的，保存着国王和王室成员的骨灰。寺庙的结构基本相同，建筑材料都是石块，造型优美。(图为普兰班南的寺庙群内的显婆神像)

□科莫多国家公园
（公园内的科莫多巨型蜥蜴）

印度尼西亚
总面积：1 811 570 平方千米

人口
- ▣ 5 000 000 以上
- ◫ 1 000 000 以上
- ◉ 500 000 以上
- ◎ 100 000 以上
- ⊙ 50 000 以上

西亚爪哇岛中部，在首都雅加达东南约400千米处。又称“千佛坛”。始建于850年。早在7世纪时，佛教从印度传入爪哇，后达到鼎盛期，出现了佛化的趋势。大乘佛教徒便在此建起这座规模空前的寺庙。

□婆罗浮屠寺庙综合体

婆罗浮屠寺庙综合体位于印度尼西亚爪哇岛中部，在首都雅加达东南约400千米处。又称“千佛坛”。始建于850年。早在7世纪时，佛教从印度传入爪哇，后达到鼎盛期，出现了佛化的趋势。大乘佛教徒便在此建起这座规模空前的寺庙。但此后佛教在爪哇日趋衰落。到了19世纪初年，这座具有世界意义的文化遗迹才被重新发现。

□建筑特色 基本构造是金字塔形，高33.5米。塔分9层，外形呈阶梯状的锥体，下6层似方形，上3层为圆形。最上面则为昂然矗立的钟形塔，全部用石块砌成，底层石头每块重约1吨。每层都有围廊，可以走上去。第一至第五层回廊左右的壁画，雕刻着精美的《佛传》、《本生事》、《华严五十三参之图》等，共2100多面浮雕。其中第一层着重描述佛的历史，其余各层记述佛在生前的事迹。此外，还有许多大象、孔雀、狮子以及当时人民生活的图案，栩栩如生。方环形平台上，安放着432尊佛像。第六层以上，小塔林立，其中第七层有32座，第八层有24座，第九层有16座，共计72座。每个小塔内罩一佛像，环绕着中央的大塔而立。构图精美，气势磅礴。

□婆罗浮屠寺庙综合体的佛像 有432座佛像，面向外安放。佛像与成人身躯一样大，盘腿而坐。东、南、西、北不同的方向有不同的姿态和含义。面向东的佛像是左手置于膝上，右手指地的降魔印姿态，表示降魔得悟；面向南的佛像呈手臂下垂，手掌向外的施愿印姿态，意思是如愿；面向西的佛像呈两臂下垂，两手叠放的禅定印姿态，表示冥想；面向北的佛像呈左臂上举，右手掌向外的无畏印姿态，表示克服一切恐惧。

普兰班南的寺庙群内的显婆神像

婆罗浮屠寺庙综合体的浮雕

婆罗浮屠上共有1460座与宗教有关的浮雕。最著名的是表现释迦牟尼传记的浮雕，前几面描绘的是释迦牟尼在天神的帮助下，做即将降临凡世的准备，及释迦牟尼的母亲梦见一个男子将要诞生，这个男子或者成为世界征服者，或者成为人类的伟大领袖。浮屠上还有1212面装饰性的浮雕，内容表现当时爪哇宫廷生活及人民生产、生活、风俗等。

婆罗浮屠(意为千佛塔)寺庙综合体鸟瞰

婆罗浮屠寺庙综合体的浮雕

婆罗浮屠寺庙综合体的佛塔

□乌戎科隆国家公园

乌戎科隆国家公园位于印度尼西亚乌戎科隆半岛和周边地区。面积783平方千米。这里地域广阔，气候温和，是众多珍稀动物生活的乐园。

□珍稀动物 乌戎科隆国家公园里生活着众多的野生动物。其中哺乳类有猴子、卢萨鹿、吼鹿等，鸟类有印度孔雀、翠鸟、鹳、雉、鹭鸶等，还有爪哇豹、捕鱼猫、野狗等各种食肉类野兽。尤以爪哇犀牛最为著名。爪哇犀牛是独角犀牛的一种，是印度犀牛的近亲，皮肤上有铠甲似的皱纹。大犀牛身长4米、高2米，重1.5～2吨。大约在3500年以前，犀牛就生活在地球上了，是地球上存活至今的最古老的物种之一。这里的爪哇獴也是罕见的物种之一。爪哇獴体毛浓密，毛色呈淡灰色，体形瘦小，身长不足40厘米，尾长与身长差不多相等。但这矮小的动物，却也属食肉目，敢与蛇争食。

灰矮狐猴怀孕期为8个月，每胎生两三只幼狐猴。

印度尼西亚马来猩猩

乌戎科隆国家公园内的绿蜥田蜴

科莫多巨型蜥蜴

乌戎科隆野生大猩猩

□科莫多国家公园

科莫多国家公园位于印度尼西亚东努沙登加拉省的西部。包括科莫多岛、巴达尔岛和林恰岛三座岛屿。科莫多岛面积900平方千米，从南到北贯穿着高度400～600米的山脉，以美丽的珊瑚礁著名。巴尔达岛和林恰岛位于科莫多岛东面，面积较小。巴达尔岛为无人小岛，林恰岛以蜥蜴为象征。

□科莫多巨型蜥蜴　即科莫多龙。是世界上现存的最大的蜥蜴，体长3～4米，重约100千克。捕猎物时，先用尾巴将猎物击昏，然后用牙将猎物咬死。它能不用咀嚼而一口将猎物吞下，然后保持4个月不进食。公园有时将其作为一项表演节目而向游人开放。

夜猴

科摩多巨蜥

分布于科摩多岛和附近岛屿(印度尼西亚)，体长4米。属巨蜥科，食肉动物，是世界上最大的蜥蜴 。经常通过猎捕和吃死动物来充饥。它特别强壮，可以将一匹马打倒。科摩多巨蜥现已稀少了，只见于几个小岛之上。

科莫多巨型蜥蜴

乌戎科隆国家公园内的翠鸟

乌戎科隆国家公园内的池塘

爪哇小猎豹在嬉戏打闹中成长，从而锻炼身体，增加敏捷度使肌肉强健，为以后独立生活打好基础。

犀牛

为现今第二大哺乳动物。为奇蹄目动物，和马血缘相近。脚粗壮，有 3 趾，尖端愈合处有蹄或角质的鞘。皮厚 1 ~ 2 厘米，被毛稀疏，有许多皱纹和皱褶。头部延长，吻部上有 1 或 2 个角。现生有 4 属 5 种，其中非洲有 2 种：黑犀牛和白犀牛。其他 3 种为：印度犀牛、爪哇犀牛和苏门答腊犀牛，分布于亚洲南部。怀孕期16～18个月，但苏门答腊犀牛只需 7 或 8 个月。1 胎只产 1 只，虽然小犀牛很早就可进食植物性食物，但哺乳期却长达 2 年。每 3 ～ 4 年才生产一次。

对于啄牛背鹭来说，雄犀牛是一张会自行移动的宴席桌，因为在雄犀牛身上寄生着许多味道鲜美的虱子，足够让它饱餐一顿。

蝻蛇的幼蛇正在吞食蜥蜴

香通古庙壁画

普西塔

法王神

□琅勃拉邦古城

琅勃拉邦古城位于老挝北部的琅勃拉邦省南康河与湄公河汇合处的半岛上。依山傍水，气候宜人，全年平均气温13℃～27℃。这里曾经是老挝很多朝代的都城所在地，从孟骚到澜沧王国到现在的老挝王国，都曾在这城建都。它的历史可以追溯到2000多年前，名字最早叫孟骚，在1354年～1372年，高棉王国派出僧团带来了一座金佛，叫“勃拉邦·诃弥阿”，这里就以金佛的名字重新命名。后塞塔提腊国王迁都万象，这里成了佛都。现在仍是老挝的琅勃拉邦省首府。

□王府　位于普西山麓。建于1904～1909年。它具有呈品字形分布的三大建筑群，建造精美。现已被改为国家博物馆。馆内收藏有众多历史遗物。“勃拉邦·诃弥阿”金佛就坐落在这里。

□香通古庙　建于1559～1560年。古庙建筑风格独特别致，代表了老挝建筑的典型风格。庙内有宏伟壮观的大殿、精巧玲珑的佛塔，建筑物上布满了精致的雕刻和华美的镶嵌物。

□普西塔　位于普西山顶。专供国王释佛之用。塔内供奉着一尊被视为国宝的高1.3米的“金佛”。琅勃拉邦之名即由这尊金佛而来。塔内还设一鼓，每隔三小时击一次。低沉、浑厚的鼓声可以传遍市区。

依山傍水的琅勃拉邦古城

菲律宾

总面积：298 170 平方千米

人口

- 回 1000 000 以上
- ◉ 500 000 以上
- ◎ 100 000 以上
- ⊙ 50 000 以上

□菲律宾的水稻梯田

(1)图巴塔哈礁海洋公园

位于菲律宾西南部巴拉望岛普林塞萨港以东约180千米处。由南、北两大珊瑚礁盘组成。面积332平方千米。这里自然条件优越，生活着种类丰富的海洋生物，仅鱼类就有379种。(图为海洋公园里的鱼群与美丽的珊瑚)

(2)菲律宾的巴洛克式教堂群

位于菲律宾吕宋岛的巴奥艾、圣玛利亚、马尼拉以及班乃岛的米亚高等地。这些教堂是从16世纪开始出现的，是西班牙及墨西哥殖民者所建，大体顺延了巴洛克建筑风格。(图为米亚高的比略奴爱巴教堂)

海拔：2000米、1000米、500米、200米、海平面

0　200千米
0　200英里

□菲律宾的水稻梯田

菲律宾的水稻梯田位于菲律宾吕宋岛的伊富高省，在首都马尼拉以北约300千米处。它是3000多年前的当地土著部落人民为了谋生而在海拔1000～2000米裸露的山地上开垦出的土地。这种非常独特的水稻梯田，是菲律宾古代一项著名的农田工程，被称为“世界第八大奇迹”。

□梯田的规模和构造　梯田田梗总长有两万多千米，可绕赤道半圈。总面积约400平方千米。每块水田宽仅2～3米，每层高6～7米，有的甚至超过10米。水稻梯田面积最大的有2500平方米，最小的只有4平方米。梯田由泥墙或石壁组成的田梗支撑，造梯田所用的石方超过埃及金字塔所用的石方的总和。围成梯田的田梗宽30厘米，高约2米。这里很难使用农业机械，只能依靠人力耕作。

菲律宾的水稻梯田

越南

总面积：325 360 平方千米

人口

- 1000 000 以上
- 500 000 以上
- 100 000 以上
- 50 000 以上
- 10 000 以上
- 10 000 以下

□顺化古迹群

□下龙湾

(1)会安古城

位于越南中部广南省。历史上曾是一座港口。16世纪成为东南亚最重要的贸易交流中心。18世纪，由于国内的权力之争，地位受到冷落，以致天然港口变为淤塞废港。19世纪80年代，联合国教科文组织对会安港进行了大规模的整修，使昔日曾有的辉煌得以光彩焕发。(图为会安古城的福建会馆)

(2)美山寺庙

位于越南广南省维川县维富乡美山村，距会安40千米。始建于公元4世纪。公元7世纪初，占婆国王桑布胡瓦曼下令重建神殿，7～13世纪共拥有70多座建筑，为占婆王国最重要的印度教圣地。1979年4月29日，越南文化通讯部决定将美山遗址确定为越南艺术建筑遗址。(图为美山寺庙遗址)

中华人民共和国　老挝　柬埔寨　北部湾　南海　泰国湾

河内　河江　高平　老街　番西邦山 3143　莱州　安沛　凉山　太原　越池　北江　奠边府　锦普　鸿基　和平　河东　海阳　海防　太平　南定　清化　相阳　荣市　洞海　东河　顺化　岘港　会安　三岐　广义　昆嵩　波来古　归仁　绥和　邦美蜀　芽庄　金兰　大叻　禄宁　藩朗　夷灵　西宁　土龙木　边和　藩切　胡志明市　朱笃　新安　龙川　美萩　鹅贡　头顿　迪石　沙沥　槟知　永隆　芹苴　盛富　朔庄　薄寮　金瓯　富国岛　昆仑岛　湄公河三角洲　迪石湾

黄连山　红河　沱江　锦江　北藩　马江　朱江　大江　中藩　巴江　同奈河　湄公河

海拔

2000米　1000米　500米　200米　海平面

北

0　100千米

0　100英里

□顺化古迹群

顺化古迹群位于越南中部的平治天省。顺化是越南历史古都，现在是平治天省首府，坐落于香江两岸，曾先后是内旧阮、西山阮、新阮等王朝的都城。名胜古迹很多，其中最著名的是皇城、皇陵、天姥寺等。

□皇陵　皇陵散布在顺化城的郊区、香江两岸的山岭上，共有3座。都是历代皇帝的陵墓。每座陵墓各占据一两个小山头，建成陵园。园内华表耸峙，殿宇巍峨，并建有碑亭、石人、石兽、池塘等。周围高墙环绕，建筑和石阶两旁刻有大量精美的浮雕。各陵布局基本一样。

□天姥寺　天姥寺位于香江北岸，建于1601年。寺内有天主殿、玉皇殿、大雄宝殿、说法堂、藏经楼等十余座建筑，还有一口重1640千克的大钟。

越南顺化皇城的屋顶上有众多雕刻饰物，多为龙、凤、鱼等吉祥物。

越南顺化皇城的香炉

越南顺化皇城的正门门楼，上面有木结构亭楼。

越南顺化皇城内宝殿上的皇帝宝座，扶手上雕有金色龙头，宝殿建在80根雕刻的立柱上。

仿北京故宫的金瓦

越南顺化皇城内的东殿内景，具有明显的中国式风格。

越南顺化市郊嗣德皇帝的陵墓及石雕(右图)，坐落在风景区内，有众多建筑物作为陪衬。

左图浮雕龙柱

顺化皇城正门及其顶部装饰

顺化皇城

也称“顺化故宫”，建在香江北岸，是越南阮氏王朝的皇宫。始建于1805年，历经数十年的大修与扩建形成今天的规模。建筑样式仿照中国北京故宫的模式。方形城墙，周长2000余米，四周环绕护城河。皇城共4座城门，为午门、和平门、显仁门、彰德门。午门内有宽阔的广场，是朝廷举办重大庆典的场所，名为“大朝仪”。宫内主要宫殿有太和殿、勤政殿、文明殿等。太和殿是举行皇帝加冕等重大典礼或节日庆典的地方，是皇城内最大、最雄伟的建筑物。殿基高2米，殿内有朱红描金大柱，花石地面。勤政殿和文明殿是皇帝上朝议政的场所。这些建筑不仅按照中国建筑风格建造，也保持了越南的本土风格，所有的建筑都有两檐，用柱子支撑。皇城内还有一座紫禁城，被高约4米、厚约1米的城墙环绕。城内是皇帝和后妃居住的地方。有皇帝居住的乾城殿和书房养心殿，皇后居住的坤泰殿，皇太后居住的延寿宫，嫔妃居住的端顺院、端和院、商徵院、端庄院和端祥院。除此之处，还有御厨、御医院、戏台、侍卫房。

皇陵内的石像

越南顺化市郊阮朝嗣德皇帝陵园中的水塘景色

越南顺化皇城的屋顶上有众多雕刻饰物，多为龙、凤、鱼等吉祥物。

□下龙湾

下龙湾位于越南东北部的广宁省。

是越南北部著名的海上风景名胜。据考证，这里原来是欧亚大陆的一部分，后沉入海中，形成如今的美景。风景区共东、西、南3个小湾，总面积约1500平方千米。主要风景区有岛屿、岩洞、诗山。

□岛屿　下龙湾的岛屿千姿百态，有的如刀砍斧削的千仞绝壁；有的如浮在水面的宫殿；有的如奔驰的骏马；有的如争斗的雄鸡；有的若孤舟垂钓的老翁；有的似婀娜多姿的窈窕淑女。最著名的是蛤蟆岛，状如青蛙，坐在海面上，嘴里还衔着青草，活龙活现。

□岩洞　岩岛上有许多岩洞。洞内钟乳石千奇百怪，姿态万千，相映成趣。其中木头洞最具特色，

下龙湾南湾捕鱼场景

下龙湾岩洞内的钟乳石

被称做“岩洞奇观”。洞壁上的钟乳石酷似各种动物，栩栩如生，令人称奇。中门洞是又一个著名的岩洞，分为外洞、中洞和内洞，从外洞通向中洞的拱形洞口旁立着酷似大象的灰白色大石头，内洞四周钟乳石很自然地形成许多小洞及生动的雕像造型。

□诗山 诗山的由来，是1468年越南黎朝皇帝黎宗圣出巡，看到这里风光秀丽，美景如画，随即赋诗一首，令人刻在山石上，这里便被称为“诗山”。

下龙湾位于东北部的广宁省，是北部著名的海上风景名胜。有岛屿、岩洞、诗山。

下龙湾

(1)法隆寺

位于日本奈良县的生驹郡斑鸠町。为圣德太子于推古天皇十五年(607)所建。是历史悠久的木结构建筑。为日本佛教圣德宗总寺院。670年，法隆寺遭雷击而全部被烧毁。后在711年左右建成了金堂、五重塔等主要堂塔。(图为法隆寺五重塔)

(6)白川乡和五的历史村落

位于日本岐阜县白川村和富山县上平村、平村。这里自然条件恶劣，缺少耕地，但历史悠久。1183年，俱利伽罗坡地之战中的落难者就隐居在这里。(图为五的历史村落及其民居)

日本

总面积：376 520 平方千米

人口

- ▣ 500 000 以上
- ▣ 100 000 以上
- ◉ 500 000 以上
- ◎ 100 000 以上
- ⊙ 50 000 以上
- ● 10 000 以上

(2)古奈良历史遗迹

位于日本奈良。奈良在710～784年间是日本的首都，名为“平城京”，是日本历史的摇篮和发源地。被认为是“东方的罗马”。古建筑包括平城京遗址、寺庙、神社等。(图为奈良东大寺)

(3)严岛神社

位于日本广岛县佐伯郡宫岛町。这里建有很多神社、佛寺，神社是岛上最具代表性的建筑。始建于6世纪。(图为神社前海中的大鸟居)

(4)古京都的历史建筑

古京都的历史建筑分布在日本的京都市、宇治市和滋贺县大津市。又称西京。794～1868年的1000多年间，自古至今是日本宗教文化中心，被誉为日本的“文化摇篮”，是日本文化的象征。这里每年都要举行各种名目的祭祀活动，最著名的就是“京都三祭”，即葵祭、园祭和时代祭。

□姬路城

□屋久岛

图为鹿儿岛和樱岛

□广岛和平纪念碑

(5)白神山地

位于日本本州岛北部青森县与秋田县交界处。山地形成于800万年以前，是由海底堆积物隆起形成的，其中最高峰海拔1243米。为日本三大名山之一。原始森林繁茂，高山植物和野生动物很多。(图为白神山地的瀑布)

□广岛和平纪念碑(原子弹爆炸圆屋顶)

广岛和平纪念碑(原子弹爆炸圆屋顶)位于日本本州岛南部的广岛市中心。广岛是本州西部最大的城市和政治、经济、文化中心。第二次世界大战前，位列日本七大城市之一。1945年8月6日，美国的一颗原子弹在广岛上空爆炸，使这座城市瞬间化为瓦砾，近10万人丧失生命。原子弹爆炸圆屋顶系物产陈列馆主楼部分，该建筑始建于1914年，为三层巴洛克样式建筑，总面积1023平方米。1965年，广岛市议会作出决定，永久保留因原子弹爆炸而被毁的圆屋顶，并建造了广岛和平纪念碑。

1945年被原子弹轰炸后的广岛

被原子弹轰炸后的圆屋顶

□东京

日本城市、首都、东京都首府。位于本州中部太平洋岸东京湾顶端，是日本最大的城市。人口约九百多万。

自古以小渔村江户存在有若干世纪。德川时代(1603～1867)的首都以后，江户才得到发展。在此时期，皇室留在古都京都。1868年明治维新结束了幕府统治，首都迁至江户。改名为东京。在19世纪末作为日本的政治、经济、文化中心。20世纪成为世界上人口最多的城市之一。城市建在低洼的冲积平原和毗邻的丘陵地带。冬季温暖而夏季潮湿、闷热。初夏和初秋为雨季，常有2至3次台风来袭。

皇苑为石砌的护城河和宽敞的公园所环抱，是日本天皇的住所，位于城市的正中心。毗邻皇苑之东是五光十色的丸之内，金融机构林立，是日本商

业活动的重要中心所在。皇苑之南是霞关，为国家机关所在地。其西是永田町，有国会大厦。东京没有单一的中央商业区，但有许多城市商业中心分布全市各处，通常是环绕火车站而密集着百货公司、商店、旅馆、办公楼、酒店。从明治时代(1868～1921)的砖石结构到战后的钢筋水泥摩天大楼，应有尽有，还有不少木质的和式房屋。皇苑东北是神田区，以众多的大学、书店和出版公司著称。

东京都政府办公厅的大楼

东京是主要的文化中心。上野公园中的东京国立博物馆以展示对日本的和亚洲的艺术和历史所作的详尽描述著称。上野公园也是一座科学博物馆、一所动物园和两座主要的艺术博物馆的所在地。艺术博物馆和科学博物馆距离皇苑很近，其他各种博物馆则分布在市内其他地方。东京是日本主要的运输中心，同时也是重要的国际交通中心。电气铁路、地铁、公共汽车路线和公路把东京连成一气。东京站是日本全国铁路的中央终点站。东京的成田机场供国际航班使用，而羽田机场则为国内航班提供服务。面积618平方千米。

东京都繁华的夜色

□姬路城

姬路城位于日本兵库县的姬路市。相传创建于元弘五年(1333)，后来在天正八年(1570)建成三层城楼——天守阁。庆长六年(1601)池田辉政改建了天守阁和护城河。1956～1964年修复原样，定为国宝。占地面积约230万平方米。采用内曲轮、中曲轮、外曲轮三重螺旋状建筑结构建造。中曲轮以内是城主和侍从武士的居所，中曲轮以外是下级武士、仆役和商职人员的居所。内部结构巩固，具有实战价值。姬路城的城楼在城堡建筑中最具独创性，城墙和城楼都有射击孔。

□天守阁 又称天守、天主阁，是供战时用的瞭望塔。为城廓的最后据点。耸立在城的中心，它的四角有大小四座天守阁。这些天守阁高低不一，交错参差，可防止敌人攀爬。从菱门到天守阁的距离仅为130多米，但要通过数道门，穿过曲折小路。这可使敌人更长时间地暴露在枪林弹雨之下。

古京都五重塔

□严岛的神社

严岛的神社位于日本广岛县佐伯郡宫岛町。严岛有“神之岛”之称，不允许孩子在岛上出生，也不能有人死在岛上，并且不允许养狗。这里建有很多神社、佛寺。神社是岛上最具代表性的建筑，始建于6世纪。

□建筑特色 神社由本社和摄社(神社的一种级别，位于本社和末社之间，祭祀与本社关系比较密切的神)的客神社组成。两个神社的社殿基本上都是由本殿、币殿、拜殿和祓殿构成，共有17栋建筑，从陆地延伸到海上，由红色回廊连接。本社中轴为西北方向，客神社中轴为西南方向。本社、客神社本殿在建筑上都采用两面坡的屋顶形式，坡形屋顶一直延伸到房檐上。里面供奉着三位神道教女神，都是暴风雨神的女儿。在神社前的海中矗立着一座红色大鸟居，建于1875年，高16米，就像从海水中长出来的一样。据说是为欢迎海中诸神驾临岛上而建。

神社前海中的大鸟居

古京都五重塔

日本传统服饰

古京都五重塔

□屋久岛

屋久岛位于日本南部的鹿儿岛。面积107.47平方千米。岛中心的宫之浦岳海拔1935米，是富士山以南的名山。山顶冬天积雪深5～6米，游人无法接近。但这里受太平洋暖流的影响较大，在气温最低的1月份，平均温度也有11.2℃。风景秀丽，生态完整，尤以温泉著称。1964年辟为国家公园。1981年被联合国教科文组织指定为“人与生物圈计划”生物圈保护区。1991年又被指定为森林生态系统保护地域。

□生态环境 植物主要有杉树、日本铁杉、红松等针叶林和栗树、柞树等落叶阔叶林。最引人注目的是杉树林，分布在海拔1000～1300米的暖湿地带。生长在云雾带中的杉树会在树干上再长出不定根，根上再长出根，盘根错节，构成奇特的景观。这里的杉树很多树龄在1000年以上。树脂含量高，砍伐后木材不易腐烂。在这片亚热带森林中，生活着屋久猴、屋久鹿等动物，以及日本歌鸲等濒危鸟类。

□横滨港口

日本的城市和港口，神奈川县首府。横滨在本州岛沿太平洋的一面，位于东京湾的西海岸。1859年当近邻神奈川被指定为允许外国人居住和贸易的日本主要港口，当时是一个小渔村，随着日本对外贸兴盛起来，横滨市已经成为日本的第二大城市，1923年为关东大地震和火灾所毁，在第二次世界大战期间，1945年由于美军空袭而遭受严重破坏。

横滨位于小山环抱的一块平原上，其中一座小山走向东南，尽头处构成本牧岬海角。气候冬季温和，夏季湿热。初夏和仲秋为雨季，9月常有台风。

横滨港口

横滨与近邻川崎形成京滨工业区的中心。许多重工业集中于此，包括化工、机械、基本金属、石油产品、汽车、金属结构等工业，以及造船业，是日本最大的港口之一。横滨的商业区，多重要银行和其他的商号，集中于港口周围。1925年沿着防波堤基石开辟了山下公园，使海港景色佳丽。

横滨的文化拥有四所大学，许多剧院从传统的歌舞伎直到现代戏剧都有上演。

交通有公共汽车和地下铁道。有公路和铁路通全国的交通中心东京及日本其他各大城市。有几条国内航空利用横滨西面的厚木机场。东京的羽田国际机场和成田国际机场也为该市提供服务。面积433平方千米；人口约3288000。

屋久岛位于日本南部的鹿儿岛。由萨摩半岛和大隅半岛组成，并环绕鹿儿岛湾，而且，还有一串岛屿向南延伸到冲绳。这里的污染主要来自樱岛上那座向东横跨海湾、高1,120米的、十分活跃的活火山。

□富士山

日本最高山。海拔3776米。位于本州岛中段，山梨及静冈两县境内，接近太平洋岸，东京西南方约100千米。是座火山，自1707年最后喷发以来一直处于休眠状态。富士名称源于阿依努语，意为“永生”，是日本的神圣象征。每年夏季数以千计的日本人登至山顶神社朝拜。此山也是富士箱根伊豆国立公园的主要风景区。最早的喷发及形成的最先山峰可能发生于60万年以前。富士山麓周长约125千米，连同山麓宽广熔岩流一起，底部直径约500米，深约250米。富士山北坡有“富士五湖”，自东往西是：山中湖、川口湖、西湖、精进湖及本栖湖，都是熔岩流造成的堰塞湖。最低的川口湖海拔831米，山区旅游业发达，富士山东南是箱根火山森林区，以汤本和强罗两温泉疗养地而著名，富士山区溪流及地下水充沛，有利于农业生产。

圣山周围有许多庙宇和神社，有些神社分布到火山口的边缘和内部。登山活动早已成为宗教行为。每年有超过10万人登山。

从海面上看没有山头的富士山

屋久岛上的瀑布

屋久岛杉树的树龄多在1000年以上

神户：称得上官僚和银行家的集会地，为日本的商业中心，也是天然的良港。

□神户港口

日本本州中南部兵库县城市和首府。总面积545平方千米。人口约151万。神户位于濑户内海东端大阪湾，大阪以西约32千米，介于北方六甲山脉和南方濑户内海间的狭长地带。气候温和，冬季凉爽，夏季湿热。年降雨量约1360毫米。9月有台风侵袭。1995年大地震破坏都会区内约10万座建筑物，伤亡逾5000人。神户的街道格局可见背山面海的地理环境，主要街道为东西走向，与南北较短的街道交叉。填海建设港口设施和工业改变了原来的海岸线。主要商业区则在港口附近。神户一直是日本一个最重要的港口。除航运外，造船业和钢铁业也很著名。有高速公路连接大阪、京都和名古屋。神户有若干高等教育机构，包括神户大学、兵库教育大学。拥有六甲山区的濑户内海国家公园。

□大阪

日本本州中南部大阪府首府。面积220平方千米。人口约258万。与邻近的神户和京都合为日本第二大城市工业综合区——京阪神工业区。位于淀川三角洲，濒临濑房内海东端的大阪湾；市区地跨整个三角洲并延伸到淀川、大和川等河流的冲积高地。神户在大阪以西32千米，大阪湾西北岸。气候温和，冬季寒冷，夏季湿热；年降雨量约1360毫米。9月多台风。市同街道呈网状，南北轴线为御堂街，东西轴线为中央大街。本町街由港口向东通往16世纪丰臣秀吉所建的大阪城。主要商业区则在闹市区的北部，工业区在东部和东北部以及淀川三角洲的下游。有几处大公园，大阪原以大型纺织工业著称，但重点已转到重工业。主要工业有机械、电机、钢铁、金属加工、纺织、化工、纸浆和造纸。食品加工、印刷和出版也很重要。为日本最大金融中心之一。其港口历来是日本最重要的港口。有高速公路与神户、京都及名古屋相通。大阪有两大机场。大阪为国家文化中心，有许多公立、私立大学和学院，大阪大学、关西大学等。传统戏剧、现代戏剧、音乐、木偶戏以及西方音乐、歌剧和话剧均有演出。

韩国

总面积：98 730 平方千米

人口

- 5 000 000 以上
- 1 000 000 以上
- 500 000 以上
- 100 000 以上
- 50 000 以上
- 10 000 以上
- 10 000 以下

□**昌德宫**

图为昌德宫的一处大殿

(1)宗庙

位于韩国首都首尔市中心区。始建于1395年。宗庙制度源于中国，是按儒教形式进行祭祀活动的祠堂。在朝鲜王朝时期，这种祭祀活动非常隆重，国王率领太子及文武百官一起参加仪式。庙内最主要的建筑是宗殿和永方殿。(宗庙)

□**水原的华城**

朝鲜 日本海 黄海 江华湾 朝鲜海峡 济州海峡

首尔 仁川 水原 议政府 城南 富川 安养 江华岛 春川 江陵 束草 墨湖 三陟 原州 堤川 忠州 平泽 天安 瑞山 清州 公州 大田 论山 荣州 安东 尚州 金泉 龟尾 永川 浦项 庆州 大丘 蔚山 密阳 群山 里里 金堤 全州 清州 南原 光州 罗州 木浦 顺天 丽水 晋州 马山 昌原 镇海 金海 釜山 三千浦 忠武 巨济岛 南海岛 突山岛 高兴 居金岛 珍岛 黑山群岛 荏子岛 德积群岛 郁陵岛 济州 济州岛 汉拿山 ▲1950

太白山脉 小白山脉 汉江 北汉江 南汉江 锦江 洛东江 蟾津江 南江 荣山江 华川水库 昭阳湖 忠州湖 安东水库

(2)庆州石窟庵和佛国寺

位于韩国东部庆尚北道的庆州市，在首都首尔东南280千米处。石窟庵坐落在庆州城外约10千米的吐含山，始建于751年。佛国寺位于吐含山西南山麓，建于530年，后经751年和774年两次扩建。(佛国寺的古典新罗建筑)

海拔

1000米
500米
200米
海平面

北

0 50千米
0 50英里

□**海印寺大藏经版及版库**

图为海印寺大藏经版库

□海印寺大藏经版及版库

海印寺大藏经版及版库位于韩国的伽耶山，距首都首尔230千米。海印寺建于802年。依山而建，东西宽约150米，南北长约300米。寺院内重要建筑有大寂光殿、法宝殿、修多罗藏、寺刊版库等。

□建筑特色 修多罗藏和法宝殿即是收藏大藏经版的版库，都是横宽60.44米、纵深8.73米的单层建筑。殿内中央的大柱子与窗边的柱子间放置着收藏经版的木架子。架子分5层，每层都横放着双层经版。殿内地面是用木炭和盐等材料填成的，能够防潮、防虫。这里的窗户为了通风，保持室内的湿度、温度而作了特殊设计。朝南的窗户上小下大，朝北的上大下小。就是这两间简单的版库，使藏经完整地保存了数百年。

□大藏经版 大藏经版是高丽王国从1101年开始雕刻的，历时80多年才完成。但在1232年被入侵的蒙古军队全部烧毁。1236年再次雕刻经版，并于1251年完成。大藏经版大小一致，各宽69.5厘米、长23.9厘米。版木材料是生长在朝鲜半岛南部的樟科乔木。版木的正反两面都刻有经文，每行14字，每面23行。版木共有81,258片，被称为“八万大藏经”。

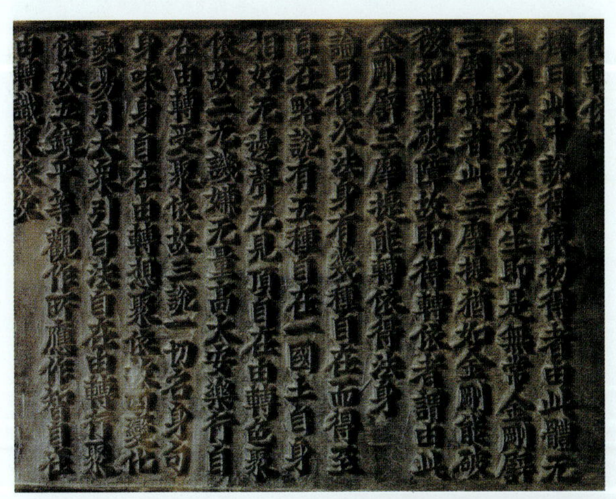

大藏经版

大藏经版

大藏经版是高丽王国从1101年开始雕刻的，历时80多年才完成。但在1232年被入侵的蒙古军队全部烧毁。1236年再次雕刻经版，并于1251年完成。大藏经版大小一致，各宽69.5厘米、长23.9厘米。版木材料是生长在朝鲜半岛南部的樟科乔木。版木的正反两面都刻有经文，每行14字，每面23行。版木共有81，258片，被称为“八万大藏经”。

海印寺

□水原的华城

水原的华城位于韩国西北部京畿道的南部，在首都首尔以南约40千米处。水原在历史上就是首尔防卫四镇之一。1796～1800年，崇周王把父亲的陵墓迁到水原的郊外华山，称隆陵，水原华城就是为守卫隆陵，利于参拜而建的。华城于1794年开始修建。1796年完工。城墙长6000米，用石头与砖瓦砌成，有4座城门，并装备了炮台。这些城墙内修筑了许多军事设施，设计也非常精巧。

水原的华城防御工事

城墙的主要设施是10座城门、4条小过道、2道水闸、3间哨房、1座烽火台和5个枪眼。在东部的山谷里。城墙的暗门建在偏僻或是荒废的地方，用树木掩护起来，是战时的一条秘密通道。城内的设施有48处，设计布局非常合理，可以有效阻止敌人的进攻。其城堡建筑也极具特色。

华城城墙用石头与砖瓦砌成，有4座城门，并建有炮台。

□昌德宫

昌德宫位于韩国首都首尔。始建于1405年，是李朝第三代国王的离宫。曾被入侵的日本人烧毁，1611年重建。此后的300年中一直作为王宫。

□建筑特色 昌德宫是一座典型的中国式建筑。正门叫“敦化门”，是惟一在战火中幸存的木结构建筑，进入正门后就是仁政殿，是国君处理朝政的地方。装饰完美的天井是它最大的特色。殿后是王室的寝宫——大造殿。还有韩国传统式结构的乐善殿，至今仍是王室后代的住所。仁政殿后的秘苑建于17世纪，是当年皇室的御花园。它依山而建，小桥流水。溪谷池塘是国君垂钓游玩的地方。

昌德宫的一处大殿